职业教育家具设计与制造专业教学资源库建设项目配套教材

软体家具
制造技术

王永广　王红强　程祖彬　编著

中国轻工业出版社

图书在版编目（CIP）数据

软体家具制造技术 / 王永广，王红强，程祖彬编著. —北京：中国轻工业出版社，2024.1
国家职业教育家具设计与制造专业教学资源库建设规划教材
ISBN 978-7-5184-2901-1

Ⅰ.①软… Ⅱ.①王… ②王… ③程… Ⅲ.①家具—生产工艺—职业教育—教材 Ⅳ.① TS664.05

中国版本图书馆CIP数据核字（2020）第027888号

责任编辑：陈 萍　　责任终审：劳国强　　整体设计：锋尚设计
策划编辑：陈 萍　　责任校对：晋 洁　　责任监印：张 可

出版发行：中国轻工业出版社（北京鲁谷东街5号，邮编：100040）
印　　刷：三河市万龙印装有限公司
经　　销：各地新华书店
版　　次：2024年1月第1版第2次印刷
开　　本：787×1092　1/16　印张：7.5
字　　数：220千字
书　　号：ISBN 978-7-5184-2901-1　定价：49.00元
邮购电话：010-85119873
发行电话：010-85119832　010-85119912
网　　址：http://www.chlip.com.cn
Email：club@chlip.com.cn
如发现图书残缺请与我社邮购联系调换
232109J2C102ZBW

职业教育家具设计与制造专业教学资源库建设项目配套教材编委会

编委会顾问	夏 伟　薛 弘　王忠彬　王 克
专 家 顾 问	罗 丹　郝华涛　程 欣　姚美康　张志刚 尹满新　彭 亮　孙 亮　刘晓红
编委会成员	干 珑　王荣发　黄嘉琳　王明刚　文麒龙 周湘桃　王永广　孙丙虎　周忠锋　姚爱莹 郝丽宇　罗春丽　夏兴华　张 波　伏 波 杨巍巍　潘质洪　杨中强　王 琼　龙大军 李军伟　翟 艳　刘 谊　戴向东　薛拥军 黄亮彬　胡华锋

前言

软体家具通常指沙发、软床、床垫及办公椅等与人体密切接触的坐卧类家具。作为家具的重要组成部分，其发展可谓如火如荼！本教材较为系统地介绍了软体家具的主要代表沙发（木质内架）的材料（属性）、结构、加工工艺、加工设备等知识；介绍了单人沙发出木架模板、海绵模板、皮革模板及制作的全过程；各章节还介绍了主要质（商）检知识，并提供了工学结合项目安排及考核办法，满足职业从业技能要求。

总体而言，家具企业在管理、设计、技术研发等方面还有较大提升空间，诸如研发队伍不完善、加工机械不齐全、技术文件不完备、培训工作不配套、安全防护不到位等。家具生产管理方面如果能加强对一线员工的人性化服务，从注重量的扩张向质的优化改进等，必然会获得很大的投入产出比，这在顺德的一些家具企业得到了证实。

首先，本教材在培训项目上作尝试，每章都设置了"工（实践）学（理论）结合"学习情境，是一种一体化教育教学方式。通过各情境任务的实践，即可接触家具的材料、结构等理论知识，提升软体家具加工设备的安全操作能力，熟悉生产工艺等。因此，学员要尽可能进行各章最后一节生产任务的设计、制作，可自行设计、制作，复杂的项目可小组合作完成，机械设备操作要在有经验的教师或师傅指导下进行。

教材共设置了四个一体化学习情境，相互之间的关系为"分、分、分、总"，做到从局部到整体，由浅入深，环环相扣，方便初学者学习。在相应章节后面都穿插了质检知识，特别是引入国家标准作为参考，做到学习有目标、考核有依据，让教材"有法可依"；而将技术要求、国标规范分别穿插到相关章节介绍，则体现了学习针对性，有利于知识的消化吸收，也符合"工学结合"的精神实质。

在工学结合项目的考核标准制订方面，本教材还注重创造性、团队精神、表达能力等综合素质的培养。学生在身体力行过程中潜移默化，达到既培养技能又增强综合素养的目的。

本教材由顺德职业技术学院王永广老师、国家家具产品质量监督检验中心（广东）王红强先生和广东中泰家具实业有限公司程祖彬先生共同编著，依照"工学结合、工作过程导向"的方式布局。共分为绪论、框架部件及其制作、软质材料黏附与填充、座包外套部件及其制作、单人沙发的出模与制作五部分。可供大中专院校教学使用，也可供从事家具设计与工艺、工业设计以及相关工作的设计师、样板开发师、生产技术人员、家具营销人员等使用，还可作为家具企业、家具行业协会等培训用书。

本教材在编写过程中得到了金富士（斯帝罗兰）集团周子鹏先生、吴俊安先生、李桂中先生、吴双平先生，新马木工机械设备有限公司马炳强先生、梁锐坚先生、刘小灵先生，华盛家具曾兵华先生，高美皮革吴乃标先生，辉航家具谭健荣先生、蔡善明先生、谢镜波先生，陆氏工坊陆银田先生，卡思堡家居伍宗孝先生、冯南庄先生以及卓尚工坊林小强先生、林利民先生等的大力支持，在此深表感谢！

感谢实训基地同事吴玉仪、罗海峰、何朝锋、邹红等长期以来的通力协助；感谢学生童望、袁莹、邓永森、邓娜等在部分图表、文字编辑方面的帮助。

由于编者水平有限，书中难免存在不足之处，恳请专家和读者予以批评指正！

王永广

2019年12月

目录

绪论
一、软体家具概况 ... 001
二、软体家具解剖知识案例 ... 005
三、软体家具制作流程 ... 006
复习与思考 ... 007

第一章 框架部件及其制作 ... 008
学习目标 ... 008

第一节 框架部件组成材料及其材性特点 ... 008
一、支架材料 ... 009
二、支架配件 ... 010
三、装饰材料 ... 012

第二节 框架部件结构连接特点 ... 013
一、沙发框架部件整体知识 ... 013
二、沙发座框、背框知识 ... 016
三、沙发框架标准化 ... 018
四、其他材料框架 ... 020

第三节 沙发木质内架配料的常用制作工具和设备 ... 021
一、纵解设备 ... 021
二、横截设备 ... 022
三、锯弯设备 ... 022
四、钻孔设备 ... 023
五、辅助工具和设备 ... 024

第四节　框架部件加工工艺流程及其技术要求 ... 024
一、板方材配料 ... 025
二、沙发框架装配 ... 027

第五节　框架部件加工质量检验 ... 028
一、现场质检、评议的意义 ... 028
二、框架部件检测内容 ... 028

第六节　工学结合项目　框架部件设计与制作 ... 030
一、实训意义 ... 030
二、实训内容 ... 030
三、实训材料与设备 ... 030
四、实训目标 ... 030
五、实训场地与组织 ... 031
六、实训纪律与注意事项 ... 031
七、考核办法与标准 ... 031
复习与思考 ... 031

第二章　软质材料黏附与填充 ... 032

学习目标 ... 032

第一节　泡沫塑料分类及其理化性能 ... 033
一、概述 ... 033
二、模塑软泡 ... 034
三、慢回弹聚氨酯泡沫 ... 035
四、乳胶海绵 ... 036
五、聚氨酯软泡塑料的性能 ... 037

第二节　软质材料在软体家具制品中的应用 ... 038
一、聚氨酯泡沫塑料的应用 ... 038
二、其他软质材料的应用 ... 041

第三节　泡沫塑料主要加工设备 ... 041

第四节　软质材料零部件的加工 ... 043
一、软质材料加工相关术语 ... 043
二、软质材料黏附、填充工艺 ... 044

第五节　海绵材料质检 ... 045
一、海绵优劣 ... 045
二、海绵鉴别与保存 ... 046

第六节　工学结合项目　软质材料黏附与填充 ... 047
一、实训意义 ... 047
二、实训内容 ... 047
三、实训材料与设备 ... 047
四、实训目标 ... 048
五、实训场地与组织 ... 048
六、实训纪律与注意事项 ... 048
七、考核办法与标准 ... 048
复习与思考 ... 049

第三章　座包外套部件及其制作 ... 050
学习目标 ... 050

第一节　真皮 ... 051
一、牛皮概况 ... 051
二、真皮有关术语简介 ... 052
三、真皮构造 ... 053

第二节　其他软体家具外套材料 ... 058
一、人造革 ... 058
二、织物 ... 059

三、其他材料 060

第三节　缝纫材料与缝纫设备 061
一、缝纫线知识 061
二、缝纫机针知识 061
三、缝纫机设备及术语 062
四、缝纫机使用 063

第四节　座包外套部件结构及其制作 065
一、缝线基础 066
二、座包外套综合缝制工艺 066

第五节　皮革材料商检 071
一、牛皮品质的鉴定 071
二、天然皮革与人造皮革的鉴别 072

第六节　工学结合项目　沙发座包外套部件及其制作 073
一、实训意义 073
二、实训内容 073
三、实训材料与设备 073
四、实训目标 073
五、实训场地与组织 073
六、实训纪律与注意事项 073
七、考核办法与标准 074
复习与思考 074

第四章　单人沙发的出模与制作 075

学习目标 075

第一节　绘制三视图 076
一、坐具设计人机工程学知识 076
二、视图（大样图）的绘制 082

第二节　制作木框架 ... 083
一、制作木框架模板 ... 083
二、制作沙发木框架 ... 084

第三节　贴绵 ... 085
一、海绵（软质材料）厚度的确定 ... 085
二、以木框架实物为基础设计海绵模板 ... 085

第四节　扪皮 ... 087
一、出真皮模板 ... 087
二、真皮、布料的套裁 ... 089
三、真皮、布料的缝纫 ... 093
四、扪皮 ... 094

第五节　配件安装 ... 096

第六节　检验 ... 098
一、试坐、合议 ... 098
二、沙发质检 ... 098
三、沙发产品质量要求和检验项目分类 ... 101

第七节　工学结合项目　单人沙发的出模与制作 ... 105
一、实训意义 ... 105
二、实训内容 ... 105
三、实训材料与设备 ... 105
四、实训目标 ... 105
五、实训场地与组织 ... 106
六、实训纪律与注意事项 ... 106
七、考核办法与标准 ... 106
复习与思考 ... 106

参考文献 ... 107

绪论

一、软体家具概况

（一）软体家具

软体家具包括沙发、软床、床垫等坐卧类家具。由于软体家具有软包材料，贴体性强，很好地保证了家具的舒适性，是消费者在同类功能家具中首选的家具类型，极大地提高了消费者的生活品位和幸福指数。

软体家具最有代表性的产品是沙发，沙发是本书的重点介绍内容，参看学习二维码"群贤毕至"讲解。欢迎大家搜索并关注王永广老师的抖音号"广哥说家具"，通常会及时更新家具小知识。

软体家具研发口诀

群贤毕至

"沙发"，是Sofa的译音，是舶来品。沙发的中心含义是软，它与人体的接触部位有着柔软的接触表面。狭义的沙发是指一种装有弹簧软垫的低座靠椅，然而随着社会发展与技术进步，沙发的含义远远超出了这一范畴。广义来说，凡是装有软垫或装有柔软接触表面的坐、卧用具，均可称为沙发或冠之以"沙发"二字，如沙发凳、沙发椅、沙发床等。同时，软垫的构成也不一定是弹簧，它既可以单纯由有弹性的植物纤维、动物毛发、发泡橡胶和泡沫塑料等填充物构成，也可以用藤皮、绳线纺织而成，还可以在密封的软套内充气或充水而成，更可以用弹簧与弹性填充物配合使用复合而成。

（二）软体家具的发展历程

1. 沙发的发展

沙发的起源可追溯到公元前2000年左右的古埃及，但真正意义的软包沙发则出现于16世纪末至17世纪初。当时的沙发主要用马鬃、禽羽、植物绒毛等天然的弹性材料作为填充物，外面用天鹅绒、刺绣品等织物蒙面，以形成一种柔软的人体接触表面。如当时欧洲普遍流行的供大众使用的华星格尔（Farthingle）椅，是较早的沙发椅之一。

1828年，弹簧开始出现。1904年，莫里斯（Morris）发明了弹簧的组装体，将成组的喇叭（圆锥形）弹簧装入框架内，如图0-1所示。其后十余年，英国某弹簧公司发明并完善了独立袋装弹簧，如图0-2所示。

20世纪20年代，丹洛甫（Dunlop）发明了一种软垫新工艺——橡胶发泡工艺，它是在天然橡胶乳液中充入气体，然后倒入模具成型并烘干，从而获得一种弹性填料——发泡橡胶。发泡橡胶的应用大大简化了沙发填装蒙面工艺，而且具有弹簧软垫的外观质量与功能效果。20世纪60年代，人们研制的充气、充水软垫获得成功。

从18世纪沙发简陋的雏形到20世纪后沙发经过无数室内装饰设计师和家具设计师的精心改造，经过

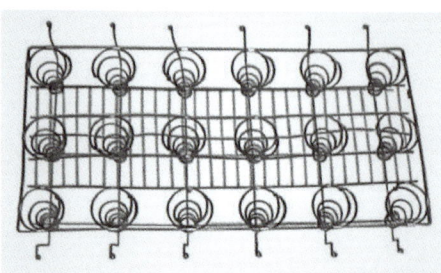
图0-1　圆锥形螺旋弹簧座架

图0-2　袋装螺旋弹簧

图0-3　"纽约的日落"沙发

无数巨匠的巧手,变成了今天深受世人喜爱的家居用品。查尔斯·萨姆纳·格雷在1907年设计的大厅扶手椅样式新颖,显示了格雷兄弟对于工艺美术风格和东方灵感的巧妙结合;意大利的基塔诺·佩瑟(Gaetano Pesce)在1980年设计了"纽约的日落"沙发,如图0-3所示。这组沙发创意巧妙,来自纽约曼哈顿建筑群的启发,颜色和布料的选择将其构思表现得相当精彩;内部采用胶合板、木骨架及聚氨酯泡沫塑料。此作品是纽约艺术博物馆永久性收藏品。

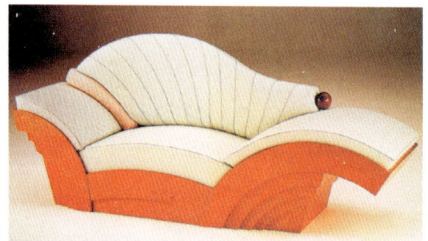
图0-4　"玛丽莲·梦露"沙发

"玛丽莲·梦露"沙发是奥地利的汉斯·霍莱因于1981年设计的,如图0-4所示。造型上是古罗马躺椅的形式,靠背是波普风格的唇形,色调是标准的好莱坞舞台色彩,座架的凹凸立面显现出装饰艺术运动的影响。这件被冠以好莱坞女明星姓名的沙发,的确给人以"温柔乡"的感觉,生产沙发的公司为了广告效应称之为"爱之椅"。

图0-5　Paimio-chair

芬兰现代建筑与家具的奠基人阿尔瓦·阿尔托(AlvarAalto 1899—1976)是当代具影响力的设计大师之一,开创了现代斯堪的纳维亚设计风格,他采用蒸汽弯木的新技术设计和制造家具,在现代家具设计上具有非常重要的突破和贡献,他设计了一系列既有品位又非常人性化、大众化的现代主义家具杰作,达到了功能与形式的完美统一。Paimio-chair,又称41号椅,设计于1931年,如图0-5所示,此款椅子虽不是沙发制品,但是它的材料胶合板、胶合薄木却是沙发、办公椅等多类家具的骨架用材。这是北欧风格最具魅力的弯曲木椅,它以人体曲线为造型依据,以胶合板模压成型,就座时两端弯圈产生弹性,被称为"无弹簧"软木椅。

图0-6所示为文客沙发,钢架布衬垫扶手沙发,喜多敏行于1980年设计。此款沙发是对人机工程学的最佳诠释。从材料选择、尺度、角度、弹性、承托性等功能到色彩肌

图0-6　文客沙发

理搭配、有机形态等艺术效果,堪称实用、美观的典范。

2. 中国沙发的发展历程

中国的沙发发展史要首推汉代的"玉几"。《西京杂记》中描绘的汉代王公们缚有厚层织物的坐具"玉几",可以看作是中国沙发的"祖先"。唐代的宫廷中已经出现了属于简易沙发的软垫"御椅"。

到了明清时期,家具设计和制作技术有了新的突破,出现了蜚声于世的明式家具,但在软体家具结构上却没有很大的进展。

1840年后,逐渐从国外引进了带有弹簧坐垫的沙发。由于原辅材料全赖进口,制造工艺被少数人掌握,并为少数人服务,因此,发展缓慢,属于稀缺品。直到中华人民共和国成立初期,我国的沙发制造业才初具规模。图0-7所示为传统沙发常见结构,木架构成座位、靠背处中空框架,弹簧两端用绷绳定位、穿连,主要软质为棉花,海绵都很少。而棉花使用时间长了会积成一团,弹性大为降低,而且沙发做工复杂。现代沙发的弹簧定位、绷紧方式更为简便,采用海绵、乳胶海绵等材料,经久耐用,高级海绵不会出现弹性丧失的现象,当然普通海绵也不至于久而聚团,不会影响视觉、坐感效果。

现在,沙发已经成为家家户户不可缺少的家具之一。而且对沙发的式样、用料,甚至保健功能的要求也越来越高。除休息座椅外,各类车辆、飞机、轮船的座椅,工厂和医院的操作椅台,办公座椅,以及各类床垫等,都要求制成沙发类的软体结构,满足人们对更高层次生活的追求。

图0-8所示为一款沙发,线条优雅、尊贵,又有点憨态可掬,营造了一种雅致、风趣的生活情境,这样的客厅一定是谈笑风生的。

图0-9为王永广老师与卡思堡公司共同指导的毕业设计作品(学生研发团队:林海桥、梁世斌、梅君玉)。命题为"几何世家",即用平面立体、回转体等常规几何形体开展设计。几何形体简约时尚、加工便利,因此家具性价比高。此款平面立体以五棱台为主,回转体是圆柱(局部,位于靠背内侧、虚形),体现了较强的功能性、组合性、美观性、经济性等特点。

优秀的设计师能够细致地观察生活、亲近自然,进而解读当今人们的生活方式,从舒缓的河流及鹅卵石、摇曳生姿的植物花卉到优雅的人体线条等,无不是设计师设计灵感的源泉。创作者通过刻画产品细节、营造氛围来唤起人们对生活的向往和对自然美的追求,产品线条有如生命的律动,充满活力。这种艺术表现力也代表了未来的设计方向和发展趋势。

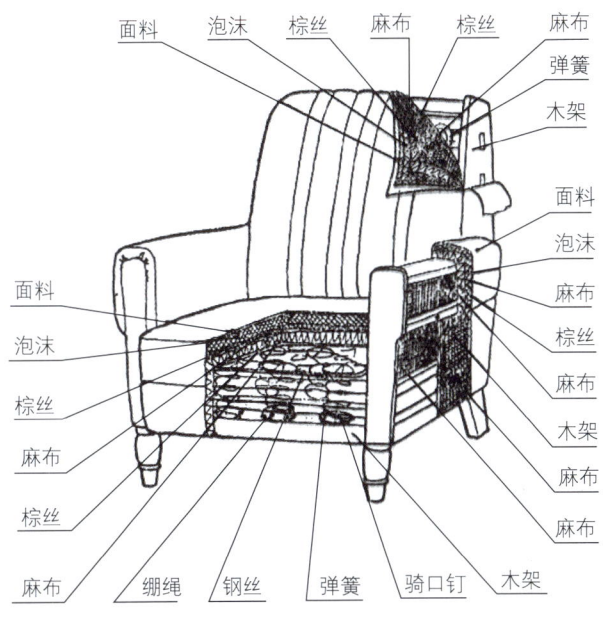

图0-7 传统沙发结构解剖

图0-8 沙发作品

3. 沙发发展演变的启示

通过沙发产品数千年的发展演变，我们可以得到至少两点结论。

（1）生产力的发展是沙发革新的直接推动力量。体现在人机工程学从对人的人体测量学、解剖学、生理学、心理学、色彩感知等不同层面研究的日渐深入（依赖于先进的仪器），这种研究通过沙发的造型、尺度、角度、软质材料弹性及厚度、色彩搭配、肌理效果等方面反映出来，越来越注重舒适度。体现在新材料、新技术的不断涌现，并反映在沙发设计与制造上，比如智能化、功能化软体家具的迭代、更新。

（2）现在沙发设计越来越注重精神层面的考量，越来越适应人的多样化需求。体现在沙发材质、结构、款式、功能的多样化，满足多样化需求。这就需要设计、开发、营销人员等具有较强的综合能力，设计个性化产品，并能根据方案将材质、结构、款式、功能等几方面"和谐"起来，营造舒适愉悦的生活情境。

总体而言，好的沙发产品始终离不开实用、经济、美观三方面的最佳契合。设计师在设计时应当既要懂得生活，产品设计注重功能、营造情趣；又要注重新材料、新技术的发展前沿，并及时在作品中予以体现，拓展产品的设计领域。比如当前有些作品添加了集成电路符号，有些则将最新的涂装工艺尝试使用等。

4. 沙发的分类

沙发一般以座位数制作，有单人位沙发、双人位沙发和多人位沙发、贵妃沙发等样式。

贵妃沙发是长条形有靠背、一侧（有时是两侧）带扶手的沙发，如图0-10所示。贵妃沙发是女性的专属家具，它有着优美玲珑的曲线，沙发靠背弯曲，靠背和扶手浑然一体，可以用靠垫坐着，也可把脚放上斜躺，沙发与女性身体线条配合得天衣无缝，所以也称为"美人靠"。

沙发有时单独使用，但通常成套出现在客厅、接待室、酒店大堂等场所，需要将前面几种沙发根据情况组合起来，比如通常一套沙发是由两张单人位和一张3人位（通常称为1+1+3），或者是一张单人位加上一张双人位和一张3人位（通常称为1+2+3），又或者是结合贵妃沙发，形成1+贵妃+3等组合。组合造型为直线形、L形（转角）、U形等。图0-9是自由组合。

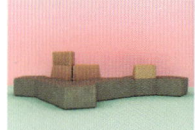  

图0-9 "几何世家"沙发

图0-10 贵妃沙发

二、软体家具解剖知识案例

现以一款单人位真皮沙发为例,介绍沙发的解剖知识,以便有直观的了解。所谓"牵一发而动全身",解剖将让研发人员更好地认识软体家具。参看学习二维码动画小皮凳子。

小皮凳子

图0-11所示是解剖效果。两个图样反映了该款解剖沙发的材料搭配、结构连接特点。读者可以看到沙发的木骨架,还有海绵、弹簧等软包材料,以及表面的真皮等装饰材料。

1. 框架部件

(1)木框架主材。木框架采用松木和12mm胶合板搭配运用。胶合板幅面大,可灵活走位塑形,松木柔韧结实,可灵活穿插塑形,两者相结合既确保坚固又能减轻自重。松木材料断面为25mm×80mm,40mm×40mm,25mm×40mm等。

(2)辅材。为了增加沙发的整体舒适度,辅料精心选配。此款主要有弓簧、绷带、塑料网、胶条等。

① 坐垫底层采用了优质的 $\phi 3.2$ mm冷钢制成的弓簧,弓簧和绷带交叉形成座位处弹性支撑面;其次在弓簧—绷带弹性面上增加一层塑料网,避免座包海绵挤入弓簧间隙造成破坏。在塑料网上层采用了100mm厚的独立袋装螺旋弹簧包,这样的搭配不但使坐姿舒适度良好,而且能延长沙发使用寿命。

② 靠背采用了进口高弹性橡筋,最大程度提高了靠背的耐用性和伸缩度。

③ 扶手前部边缘是黑色的造型胶条,聚氨酯硬质材料,它使得扶手线条挺括柔顺、富有层次,沙发中经常使用类似的胶条起边线,塑形效果良好。此扶手木架前部带有弯位,为使边部视觉上柔顺,必须在弯位内侧将胶边割三角形剪口,但不允许将胶边割断。枪钉间距30~40mm。

2. 绵质中层部件

(1)坐垫。袋装螺旋弹簧包上运用了两层密度高达45kg/m³的海绵,回弹性好。为展现舒适坐感,座包表层采用蓬松的纯天然材料"羽绒"。最上层是纤维棉(坐垫为A级3kg/m³超软纤维棉),蓬松,手感良好,同时,使得座包饱满,真皮使用时更易显得舒展。

(2)靠背。靠背接触部位采用超软高回弹海绵衬底,靠背主体上部为中密度海绵(28kg/m³),下部由于承托腰部,受力相对较大,采用了较高密度(35kg/m³)海绵,这样靠背主体就是双硬度组合海绵。考虑到使用时背部触感的一致性,双硬度组合海绵的表层(前侧)又覆盖了25mm厚度的中密度海绵(21.5kg/m³),最前面填充了密度为1.5kg/m³的纤维棉。

3. 外层装饰部件及其固定

如图0-11所示,此款沙发的表面材料为1.2mm厚度的进口黄牛皮,属于薄型,柔软性好。

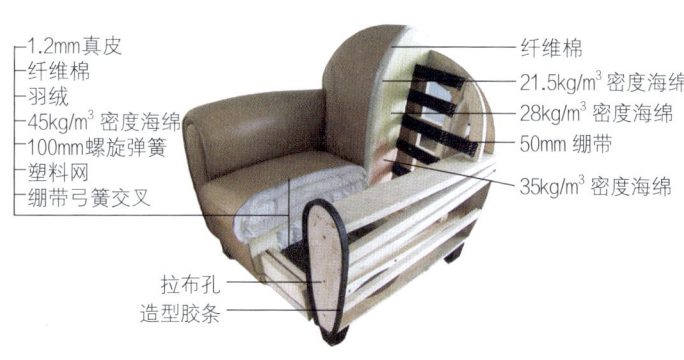 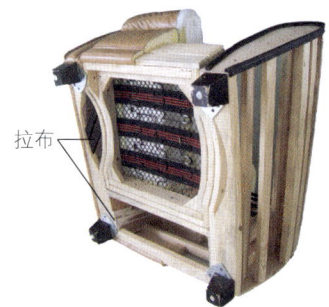

图0-11 单人沙发解剖图

从底向解剖视图可以看到拉布条。拉布条是普通布料条，它的一端从内部拉紧真皮装饰部件（车缝时缝到真皮内侧），另一端用枪钉固定在内部的木框架上。比如底视图左下侧的白色拉布就是这种情况，它们将外层装饰部件定位，将绵质中层部件塑形。

要定位扶手前部的软包，由于空间所限，拉布条的另一端必须穿过拉布孔，才可以将另一端从内部固定到木架上。所以，底向视图左侧中部的两条黑色拉布就是这种情况，它们穿过的三个拉布孔，上下排成一条线，均衡布局确保拉力的均匀。拉布一般用薄的、价廉的化纤布料。

三、软体家具制作流程

以上述单人位真皮沙发为例，简单介绍软体家具制作流程。

沙发产品制作指沙发零部件制作与装配。沙发主要组成材料为木材、胶合板、海绵、皮革、布等。沙发零部件制作与装配的任务就是完成这几种材料的加工、部件制作（装配）、成品组装等。在此予以简单介绍，以便读者先有个整体认识，如图0-12所示。

应当说明的是，沙发产品制作和沙发样品开发是不同的。沙发产品制作只是沙发零部件的制作与装配、质检品质要求等；而沙发样品开发包括模板设计与制作、沙发零部件制作与装配两方面。完整的沙发样品开发流程将在第四章介绍。

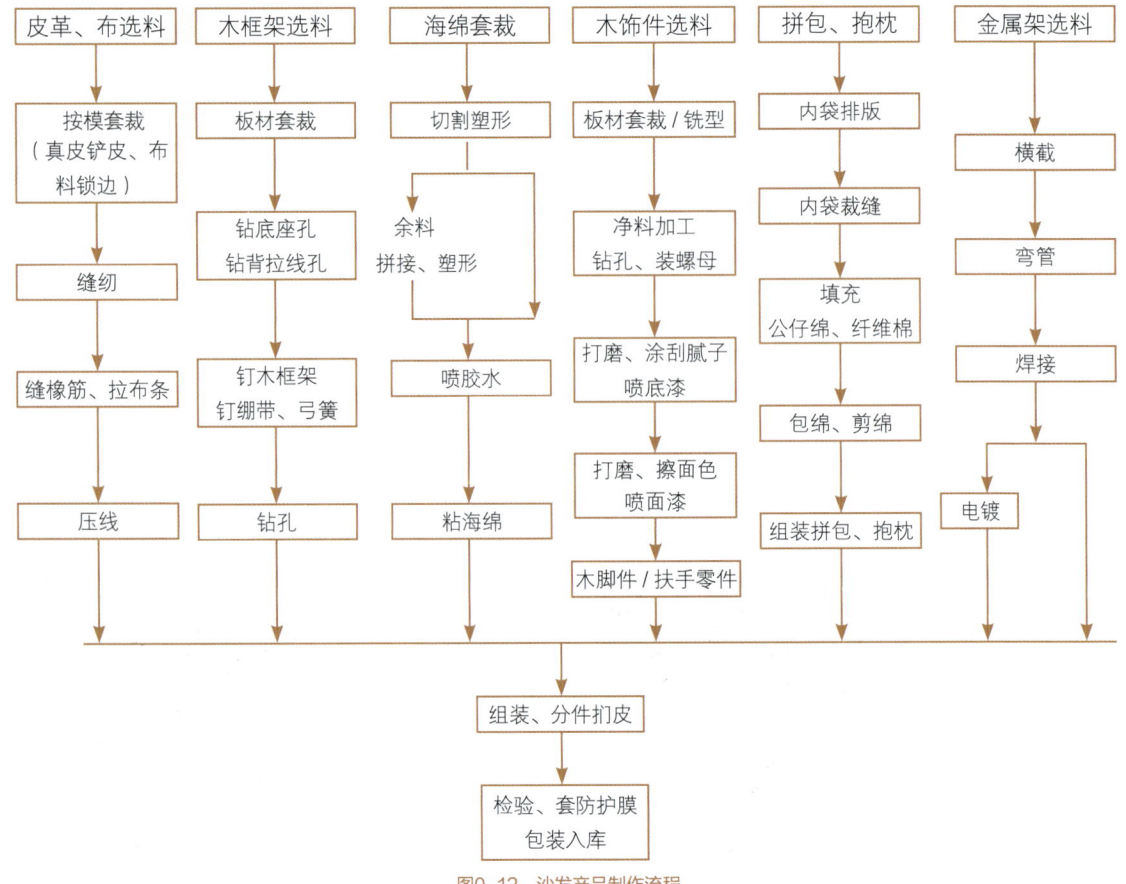

图0-12 沙发产品制作流程

💡 复习与思考

（1）通过软体家具发展简史，谈谈你对科技进步与软体家具发展之间关系的理解。

（2）仔细查看单人沙发解剖图，如果将沙发类比人，你认为沙发的主要组成部件和人有什么相似之处？如果想象不出，可参阅教材一、二、三章的引言部分。

（3）通过对上一题的思考，你认为沙发的三大组成部分（木架、软体、皮革外套）的设计与加工制作各应强调什么？

第一章 框架部件及其制作

学习目标

1. 懂得框架在沙发中的作用,能说明框架部件结构连接、受力特点。
2. 掌握框架部件组成材料清单及材料规格、材性特点。
3. 能依照木架模板(图纸)合理选料、画线、正确开料,确保高出材率。
4. 能说出实木零件加工工艺流程及其技术要求。
5. 熟悉通用木家具质检知识。

如果把沙发构造和人的解剖构造类比,那么框架结构可以称为"软体家具的骨骼",它延伸到了沙发的每一个角落,是软体家具外在形体的内在支托——承受沙发材料及外加载荷(人)的重量,保证形体稳固。本书以沙发为代表展开介绍。

依据人机工程学,合理设计沙发结构,保证结构合理、强度得力,确保沙发能够具有较强的使用寿命。以胶合板为主体、横枨加固、薄夹板塑形的框架结构;依据风格、功能、人数来设计胶合板的形状、疏密度;依据力的接触位置、方向、大小、接触频率来规划枨的方向、粗细、疏密度。

沙发"骨骼"有着非同寻常的重要性。不论沙发的皮、革、布艺外观多么赏心悦目,也不论沙发海绵软包塑造的形态多么舒适贴心,都离不开幕后的"无名英雄"——内框架,没有框架的有效、得力支撑,沙发都将是徒有其表。所以,要重视沙发框架的设计与制作。

本章围绕沙发框架部件的设计与制作展开。读者将对沙发框架常用材料及其材性、结构连接、设备与加工工艺知识、木框架质量检验知识等进行学习。

参看办公沙发框架钉接动画,动画中为双向绷带,实际生产中,以一个方向为绷带、另一短边方向为弓簧搭配为主。

最后,实训环节安排了"沙发框架部件设计与制作"任务及考核参考标准。读者可以创造条件,进行设计制作,在实践中提高职业技能及综合素养。

办公沙发框架钉接

第一节 框架部件组成材料及其材性特点

制造沙发的原辅材料主要包括支架材料、弹簧、软垫物、钉、绳、底带、底布及面料、胶黏剂、五金连接件等几部分。现代沙发相对于传统沙发在制作材料方面的创新是利用人造板局部替代全实木的框架结构,减少或不使用弹簧，采用了海绵等新型材料。

现代沙发的框架结构由原来的全实木结构发展到以实木与人造板相结合的框架为主。制造沙发框架的原辅材料主要包括支架材料、支架配件、装饰材料等。

一、支架材料

木材、竹藤、金属、塑料等都可做沙发的结构材料。选择框架材料要求有足够刚性和适当韧度。鉴于中国的软体沙发制品木材框架使用广泛，本书主要以木材框架为研究对象。

（一）木材

木材是天然材料，如图1-1和图1-2所示，分别是油杉木材130倍显微放大效果、枫香木材220倍显微放大效果，为横切面和弦切面位置，可见木材由中空木质细胞密集排列而成。同时，木材细胞种类、分布、密实度等在木材三维方向具有不均匀性。阔叶材组织种类、结构都比针叶材要复杂。

木材的这种结构决定了木材具有各向异性、阔叶材和针叶材的理化属性有一定差异等特点。

1. 三种木板材

由于木材是圆柱体，锯制木材时，依照切割面相对轴线的位置，分为横切面、径切面和弦切面，相应地就得到了横切板、径切板和弦切板。如图1-3所示为锯制木材三切板效果示意，图1-4所示马尾松和图1-5所示锥木都可以看到三种板的效果。

（1）横切板。垂直于木材生长轴线锯制得到的材料称为横切板，可看到生长轮效果。木材中绝大多数细胞组织平行于轴线，这意味着它们能够在横切面（板）上被观察到。因此，它是识别木材最重要的一个切面。横切板硬度大、耐磨损，但易折断、难刨削，主要用于家庭菜板、园林铺路木砖等。而在家具中提供力学强度的板材主要是径切板和弦切板。

（2）径切板。顺着树干方向通过髓心锯解得到的材料称为径切板。广义的径切板板材宽面与年轮夹角为45°～90°。径切面板材收缩小，不易翘曲变形，木纹挺直、平行或近乎平行，硬度也较好。适宜制作地板、木尺、共鸣板。

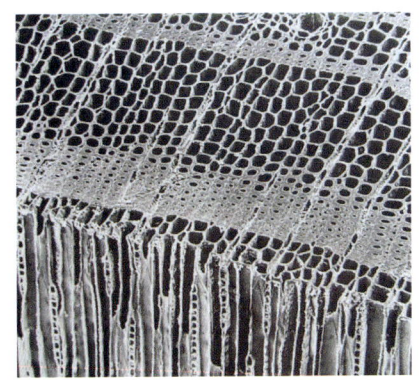

图1-1　油杉木材130倍放大效果

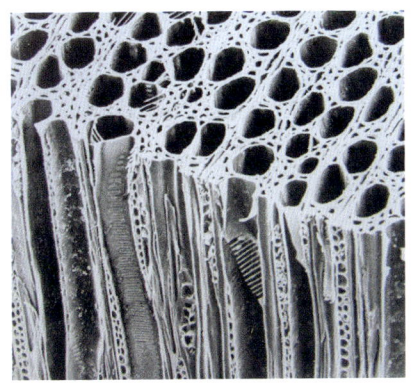

图1-2　枫香木材220倍放大效果

图1-3　木材三切板锯制示意

（3）弦切板。顺着树干方向不通过髓心锯解得到的材料称为弦切板。相对径切板而言，弦切板板材宽面与年轮夹角为0°～45°。弦切板板材花纹呈"V"字形，美观。由于在弦切方向木材组织结构的复杂性反映最集中，因此易变形、翘曲、透水性差。弦切板适宜制作装饰表板、酒桶板、船甲板等。

这三种板材的功能差异性在阔叶材上反映最明显，这是因为阔叶材绝大多数密度较大，组织种类、结构都比针叶材要复杂。

2. 木材在沙发框架中的使用

沙发主要用木材作框架，这样可以很方便钉固底带、弹簧、绷绳、底布及面料，使之具有足够的强度，能承受正常使用的动荷载与冲击载荷，而不会被破坏。

绝大多数沙发的木框架是隐蔽在皮、革、布以及海绵内的，通常用密度较小的木材（通常为针叶材），如松木、锻木、桦木等比较理想，这些材料纹理直，结构细腻，干缩小，不易变形，强度适当，冲击韧性适当，机械加工性良好，握钉力较好。如图1-4所示为针叶材马尾松及其三切面效果。

木材中不得有活虫或白蚁存在，否则应进行杀虫处理，以提高支架的质量。

（二）胶合板

胶合板材料幅面一般为1220mm×2440mm，厚度规格为3，9，12，15，18，25mm等。一般3mm厚度的主要用于包覆木框架外侧，为后续贴覆海绵提供基准面和成型面；9，12，18mm等厚度的则通常用于沙发木框架的内部结构件，如图1-5所示。

胶合板是由多层1～2mm厚度的木单板交错叠加而

图1-5　胶合板

成，从而整体对外展示均衡、稳定的特点。相比而言，木材顺纹理方向的抗拉、抗压强度都大，而顺纹理方向的抗剪切力、抗劈力差。因此木方材制作的零件多是细长的直线形或微弯的曲线，对于较大弯曲的形状（如L形）木材则无能为力（很容易在L形的拐角处顺纹理劈裂、破坏），木材的这些力学特点称为"各向异性"。胶合板弥补了木材的缺点，其结构特点说明人们考虑到了木纹的因素，采用交错叠加，使得胶合板展示出了"各向同性"的效果，即胶合板力学均衡，形状稳定性强，不易出现扭翘、顺纹理开裂等现象。

胶合板的均衡、稳定特点使得它很适合加工不规则的形状零件（如L形的座靠内架零件）。此外，胶合板加工方便，出材率高，握钉力好。胶合板在软体家具内架中比较受欢迎，与木方材一起，共同赋予沙发制品内架形态，确保强度和稳定尺寸。

二、支架配件

1. 弹簧

软体家具沙发制品常用的弹簧有圆柱形螺旋弹簧、弓簧、半圆锥形螺旋弹簧等。

弓簧常用于座框、背框，以支持支撑

横切面

生长木

径切面　　弦切面

图1-4　马尾松及其三切面效果

海绵、人体载荷。常见钢丝规格φ3.0，φ3.5，φ4.0mm等，弓形宽约为50mm，如图1-6所示。

螺旋弹簧主要用于海绵座包内。钢丝规格直径为1.0~2.5mm，高为80~200mm，如图1-7至图1-9所示。圆锥形螺旋弹簧座框为弹簧组合体，可直接钉于沙发木架边框上，如图1-10所示。

2. 绷带

绷带也叫橡筋，常和弓簧配合使用于沙发座框、背框，支撑上面的海绵和承受人体载荷。绷带常用宽度规格75mm和50mm等，75mm规格的受力大一些，主要用于座框，50mm的则用于受力较小的背框；绷带的伸长率在40%~140%，可根据不同回弹需求加以选择。绷紧到木框架上时要适当拉长（拉长量约为连接长度的1/3），再钉紧，如图1-11所示。

3. 塑料网、棉毡

塑料网和棉毡都是覆盖于弓簧-橡筋弹性面上方，目的是隔离弓簧-橡筋弹性面和海绵材料，避免使用中海绵被挤压入弓簧内造成开裂，降低使用寿命。塑料网和棉毡作用相同，一般不同时使用，如图1-12所示。

图1-6　弓簧（蛇形弹簧）

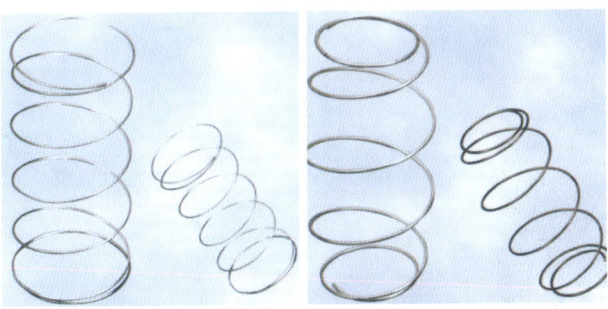

图1-7　袋装圆柱形螺旋弹簧

图1-8　沙发座包内的袋装螺旋弹簧

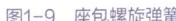
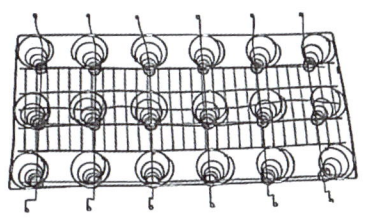

图1-9　座包螺旋弹簧　　图1-10　圆锥形螺旋弹簧座框

图1-11　绷带（橡筋）

图1-12　塑料网、棉毡料仓一角

4. 螺栓、钉和胶黏剂

沙发内架基本隐藏在软包内部，因此木方材无须开榫，木方材之间、木方材与胶合板之间的连接主要为最简易的钉接合；外露部位木方材的连接为榫接合、螺栓接合等。制作沙发内架使用的钉主要有一字形枪钉、U形枪钉、圆钉、木螺钉、泡钉等，有时内架部件之间连接需要紧固螺栓以确保连接强度；使用的绳有蜡绷绳、细纱绳、嵌绳等；胶黏剂主要有改性白乳胶等。

三、装饰材料

外露于沙发皮、革、布面外的部分通常是扶手、脚、功能件（如小型玻璃、金属台面，便于放置茶具等），出于整体美学效果，这些部位的材料样式多。这些材料有的和沙发内架连为一体（如扶手、脚等），起结构连接和装饰作用；有的独立性强，只起装饰作用或兼作功能件。

1. 木材

装饰用木材通常密度较大、纹理美观、材质好，以增强观赏性，如红木、水曲柳、樟木、榉木、柚木、橡木、柳桉、锥木等木材，图1-13所示为锥木。

横切面　　　　　生长木

径切面　　　　　弦切面

图1-13　锥木

图1-14　沙发的金属装饰脚配件

2. 金属

金属材料在沙发上的运用比较广泛，如图1-14所示。金属材料强度大、可塑性强，可任意弯曲成型。可用金属管材、板材、型材等塑造不同造型，运用电镀喷涂等加工工艺获得多彩的表面装饰效果。电镀材料分别有金、铬等，不锈钢、镜面不锈钢等材料可做成磨砂、拉丝和激光雕刻等。

金属饰材多数是预制件，厂外订制。选用时应细心检查表面是否光洁平整，是否有疵痕缺陷。

3. 塑料

塑料是高分子材料，具有可塑性强、隔热绝缘等特点。通过前卫的设计理念，结合塑料加工工艺，进行浇灌、模压等加工，可制成外观与功能俱佳的沙发预制配件。

塑料件表面应光洁，应无裂纹、皱褶、污渍、明显色差，如图1-15所示为几种装饰有机玻璃（PMMA亚克力）。经过特殊处理的亚克力具有耐刮、手感圆润柔滑等特性，并且表面不易沾土、污渍、水渍或指纹印。

4. 玻璃

采用高硬度的强化玻璃与实木、五金和大理石等其他材料通过款式设计搭配、融合在一起，可给家具、居室添加多姿多彩的视觉效果，如图1-16所示。

玻璃件外露周边应磨边处理，安装牢固；玻璃应光滑，不应有裂纹、划伤、沙粒、疙瘩、麻点等缺陷。

5. 石材

花岗岩、大理石具有自然优美的色泽、纹理，人造石也有着优良的装饰效

图1-15 几种装饰有机玻璃　　图1-16 几种装饰玻璃　　图1-17 几种装饰石材

果。近几年随着加工工艺水平的不断提高，运用古典的雕刻技术和现代科学的加工相结合制造出完美的天然石材家具、家居饰面材料，如图1-17所示。

第二节　框架部件结构连接特点

沙发主要框架部件是座框和背框，它们的结构组成基本相似，由木材方材围合而成，一般为矩形、圆形或其他异型形态，围合形上方再叠加弹簧、绷带、塑料网、棉毡等材料。

木材、胶合板是框架材料，起到维持形态、赋予制品强度的作用；其他材料是辅助材料，起到弹性支撑荷载（人体），提供舒适性的作用。

一、沙发框架部件整体知识

（一）沙发框架主体用材情况

一般而言，沙发框架主体由木材、胶合板、三夹板等构成，三种材料互有分工。

1. 胶合板

胶合板的作用主要体现在以下几方面：

（1）异型形体的塑形。前面环节已经介绍了胶合板材料的力学均衡、形状稳定特点，即胶合板最适合塑造异型形体。

（2）桥梁连接。胶合板如同一堵堵墙，将不同方向的木条联系起来。这样，沙发框架无论直线状、曲线状，由于胶合板和木条的有机搭配，都能方便实现，无限延展。

（3）兼起到辅助强度连接的作用。胶合板厚度规格通常为9，12，18mm等。18mm厚度的胶合板，本身强度较大，可独立起结构连接作用；而9mm和12mm等厚度略薄的胶合板，由于强度略低，通常会沿着胶合板板面的边线钉接木方材，增加胶合板的边面强度以及沙发框架的形体稳定性。

2. 木方材

木方材赋予沙发制品整体强度。首先，木方材一般垂直于胶合板的二维表面，延展出框架的第三维度；其次，木方材首尾相连，钉接围合成座位框架、靠背框架等。

木方材断面尺寸一般进行标准化、规格化设计，如家具企业一般采用断面为25mm×40mm，40mm×40mm，30mm×60mm，30mm×80mm等规格的方材，前两种为主，这样可以降低原材料采购成本，提高生产效率，增强零部件互换性。

40mm×40mm类型的木方材用于构筑受力较大的座位框架，方材首尾相连钉接，或者放置于胶合板板面的角位。25mm×40mm类型的木方材用于构筑受力较小的靠背位框架，方材首尾相连钉接，或者放置于胶合板板面的边侧位，且沿着胶合板板边均匀分配。胶合板边部越长，则木条数量越多。30mm×60mm和30mm×80mm等断面规格的方材，主要用于框架的扶手位、靠背上侧等，有时候也可以由25mm×40mm的方材组合替代。

3. 三夹板

三夹板用于围合塑形。三夹板（或棉毡、卡纸等）由于较薄，空间弯曲、铺贴性好，适合覆盖在框架主体外侧，如背部外侧，便于后续的海绵包扎等工序，保证形体饱满，如图1-18所示。

（二）沙发框架用材要求

1. 材种

各类家具的同一单位产品采用树种的质地应相似，同一胶拼件树种应无明显差异，针叶材、阔叶材不得混同使用。产品外表局部装饰，不受单一材种的限制。

2. 包镶板件

包镶板件内部材料应尽量使用软质树种或人造板；同一板件使用质地相似的树种和人造板。

3. 材料含水率

家具用木材、胶合板应进行干燥处理，木材含水率区间应为8%～（产品使用地区年平均木材平衡含水率-1%）。

4. 木材缺陷要求

（1）虫蛀材。如图1-19所示为虫蛀材，产品中不应使用有活虫尚在侵蚀的木质材料，实木类材料应经杀虫处理。

（2）腐朽材。外表不得使用腐朽材，内部或封闭部位用材轻微腐朽面积不超过零件面积的15%，深度不得超过材厚的25%，如图1-20所示。

（3）节子。节子宽度不超过可见材的1/3，直径不超过12mm的，经修补加工后不影响产品结构强度和外观的可以使用，如图1-21所示。

（4）树脂囊。树脂囊指一些木材的

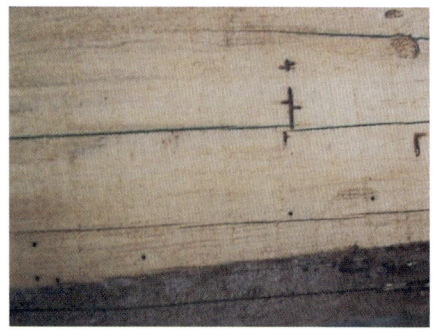

图1-19 木材缺陷（虫眼）

图1-20 木材缺陷（腐朽）

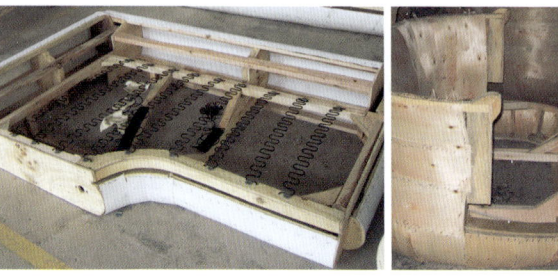

（a）　　　　　　　（b）

图1-18 沙发框架材料
（a）胶合板、木方、棉毡 （b）三夹板的塑形作用

图1-21 木材缺陷（节子）

图1-22 木材缺陷（斜纹）

图1-23 木材缺陷（端部裂纹）

图1-24 木材缺陷（钝棱）

图1-25 四连杆五金系统
(a) 卧姿　(b) 坐姿

油脂、松脂等分泌物所聚集的地方。由于树脂一般滑软、有气味，影响家具制品的涂装、使用。因此，外表用材及用于存放物品的家具用材不得有树脂囊。

（5）斜纹。斜纹指纹理主向与方材零件长度方向有偏斜的现象。产品主要受力部位用材的斜纹程度超过20%的不得使用，如图1-22所示。[①]

（6）其他轻微材质缺陷。如裂缝（贯通裂缝除外）、钝棱（方材边角局部不平顺）等，应进行修补加工，不影响产品结构强度和外观的可以使用，如图1-23和图1-24所示。

（三）五金件在沙发框架中的应用

有时框架构成中配搭五金件，可达到特殊功能。如图1-25所示采用四连杆五金系统，可使得沙发具有坐、卧两种姿态。图1-25（a）为卧姿，若用小腿肚轻拍脚踏处，即可轻松转变为坐姿，如图1-25（b）所示；若用右手轻拉扶手右侧黑色"拉手"，即可轻松转变为卧姿。

图1-26所示为四连杆沙发脚架。有的四连杆五金系统带有圆形金属底盘，这样便于旋转，这样功能又在坐、卧的基础上增加了转动，可提供坐、卧两种姿态的五金件。操作系统分为外置手柄型、内置手柄型和拉索型。图1-27

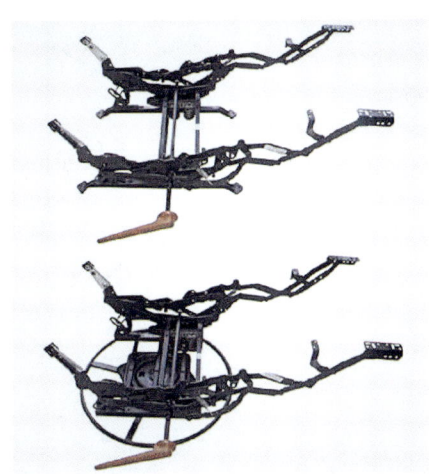

图1-26 四连杆沙发脚架

图1-27 多功能沙发

---

① 斜纹程度（%）=倾斜高度/水平长度。

所示为采用了四连杆五金系统的坐、卧两用沙发。

二、沙发座框、背框知识

（一）座框、背框结构

如图1-28和图1-29所示，木材座框、背框由四条木方材围合成为矩形、中空。由于矩形的几何形态稳定性不太理想，因此通常需要在矩形四角内侧添加三角形的木塞角加固，塞角一般为等腰直角三角形，厚度30mm，直角边长60～100mm。

对于多人位沙发，由于座框前后两条木方材（望板位置）跨度大，为减少木方材挠变形变量，通常要在座架下侧增设纵向木条（或胶合板条），予以牵拉、加固。木条通常位于相邻两座位交线处正下方，既不影响坐感舒适性，又使得木架整体结构疏密得当，受力相对均匀；同时，木条位置在座框的弹簧-绷带弹性面下方150mm左右，保证座框上辅助材料（海绵、绷带、弓簧等）的弹性活动空间，提高坐感舒适性。

通常认为，背框处受力约为座框的一半，其牵拉木条（或胶合板条）断面尺寸酌减。

（二）框架的钉接合

木材的连接方式通常有四种：榫接合、五金件接合、胶接合以及钉接合，四种接合各有特点，在实木家具生产中，这四种连接方式都很常见。板式家具主要是五金件接合、胶接合，有些局部辅以钉接合。一般而言，由于钉接合有碍观瞻，在外露制品表面使用钉，会留有痕迹，通过补腻子很难将钉眼痕迹完全去除。所以，在实木、板式家具中，钉接合原则上基本不用、少用，用也是尽量在内部不显眼的位置，起到连接、加固榫接合和胶接合的作用。

软体家具（沙发）则通常以钉接合为主要连接方式，即木方材端面紧贴胶合板板面、钉接。这是因为枪钉在内部进行连接，无须考虑美观因素，而且接合强度有保障，节省加工工序，生产效率高等。当然，单个枪钉着钉力有限，通过增加枪钉数量，是可以保证框架稳固的。

总体而言，枪钉接合由于效率高，降低了框架加工的人工、设备、工艺等综合成本，经济效益明显。

（三）辅助材料添加

辅助材料添加主要指弓簧、橡筋等安装在矩形座框、背框上，并在弓簧-橡筋弹性面上覆盖塑料网或者棉毡的过程。

座框上一般是弓簧、橡筋交叉组合，形成弹性面，也有的企业用弓簧、金属条交叉组合，也有的是三种材料共同组合。此外，边位通常增加加强橡筋，让弹性面弹力更足，如图1-30所示座框弹性面。

1. 座框部件常见式样

固定弓簧的弓簧扣打在距离木方内侧边3mm处。

弓簧、橡筋一般垂直交叠钉接到座框上方，弓簧沿座位前后方向钉接。通常先钉接弓簧，再钉接绷带，每条弓簧间距为130～150mm。

每条橡筋和弹簧上下穿插，有利于相互位置不发生错动，座位橡筋为75mm

图1-28　座框局部

图1-29　贵妃位沙发木框架

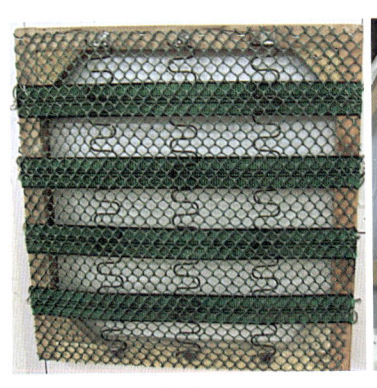  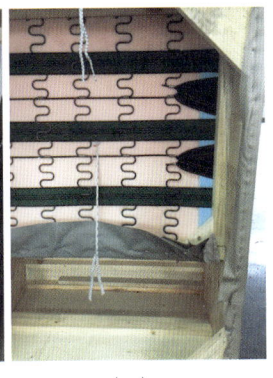

图1-30　座框弹性面
（a）弓簧、绷带交叉　（b）弓簧、金属条交叉　（c）复合型

宽，间距为110～130mm。每条橡筋必须拉力均匀，内空在500mm情况下，以拉长170mm为标准（拉长率≥30%）。每条橡筋上用枪钉45°斜打两排，每排5～6颗枪钉，多余橡筋用刀片平木架外边割平。

塑料网（或棉毡）沿木材上表面固定，每隔60～70mm打一颗枪钉。

弓簧形态拱形，如同石拱桥形态，中部凸起20～30mm，这样有利于承托载荷（人体）时有较好的回弹空间，受力也能较好分配。

2. 背框部件常见式样

如图1-31所示，此款部件是背框部件。由于背框受力相对小，因此，主要是橡筋交叉结构，橡筋、弓簧交叉较少。靠背橡筋为50mm宽，橡筋间距也适当增加。此处塑料网没有完全覆盖是为了保证靠背良好的回弹空间，提供充分的舒适性。

图1-31　背框

（四）座框、背框质量问题例析

1. 横梁位置

图1-32所示为某沙发企业生产的双人位沙发座框。此座框在弹簧-绷带弹性面下方、横跨座位增加了一根木方（中间位置），但是由于该木方紧贴弹簧-绷带弹性面，使得弹性面没有下降空间，降低了产品舒适度，建议取消该木方。

2. 用材及疏密度

图1-33所示是市面上的一款沙发内部框架效果。可以说有碍观瞻，可是确实存在于生活中。比如有的沙发坐感

图1-32　横梁位置有误

很差,无弹性可言,主要是软质材料厚度、回弹等不够。此款除了软质材料以外,胶合板单薄、其间的木方疏密度低、绷带弹力弱等都是严重问题。

3. 木材处理不到位

木方材含有树皮、木材干燥不到位、木材缺陷规避不到位等,都将影响质量。如图1-34所示是木方材含有树皮,使用过程中易生虫。至于一些木材干燥不到位,甚至手触碰有黏湿的感觉,也容易产生腐朽、虫害等缺陷;木材缺陷规避,主要是确保力学强度要求。

木框架有关质检知识,可参见相关国家标准,可作为评判依据。

三、沙发框架标准化

所谓标准化,就是在探索家具研发、生产规律的基础上,总结家具材料、结构、生产工艺、技术图样等规律,并由此而制定出的适合提高作业效率、改善品质、降低综合成本等的一系列应对办法。框架部件的标准化包括原材料、框架形态与结构、作业细节、图样及技术文本等的标准化。本部分重点介绍原材料和结构标准化。

(一)原材料标准化

木方材、胶合板等主要材料,材种尽量统一,尺寸规格较少,比如木方材断面规格2~3种,胶合板厚度规格2~3种。

1. 胶合板

胶合板厚度规格通常为3,9,12,18mm等,常规幅面尺寸为1220mm×2440mm,由于沙发靠背高度在900mm左右,因此,一些厂家也会预定915mm幅宽的胶合板。

常规胶合板(幅面1220mm×2440mm)又称为四八尺板,而定制的915mm×1830mm的板则为三六尺板。

2. 木方材

木方材断面尺寸一般为25mm×40mm、40mm×40mm、30mm×60mm、30mm×80mm等,如图1-35所示。

3. 辅料

组成沙发框架的塑料网、棉毡、弓簧、绷带等原辅材

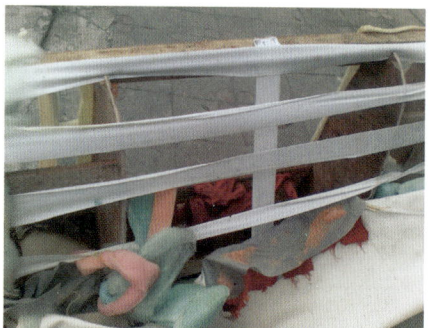

图1-33 用材及疏密度不合适

图1-34 木方含有树皮

图1-35 自动化锯截木方

料,都各自有固定的幅面、厚度、直径等,体现了标准化特点。

(二)框架结构标准化

软体家具的框架结构具有较强的规

律性,胶合板+木方材直(曲)线材即二维+第三维的组合。沙发主体形态,俯视效果一般为方形、圆形、异型等几种。

1. 俯视轮廓矩形为主

最常见的沙发样式是L形,其框架结构组合为:L形胶合板(左、右侧对称)+木方条(横向连接胶合板),即方形沙发框架结构通常为"左右胶合板+横向木方材"结构。

沙发的宽度在600(700)~2400 mm。此类沙发整体左右对称,座位、靠背一体化为L形效果,相应的两边侧为L形胶合板,中间视情况平行增加1~2块L形胶合板。中间胶合板,其位置同座框、背框的加固木方,通常位于相邻两个座位交界处正下方;当胶合板足够厚时,可以酌情省略木方。如图1-36所示为某沙发的框架构造。

2. 俯视轮廓圆形为主

沙发俯视轮廓为圆形或类似圆形的,一般在上、中、下三个位置为胶合板,竖向木方材连接。其中,上侧的则为扶手(劣弧内空),中、下方胶合板为圆形(中空)。考虑到沙发使用时水平受力较为频繁,尤其前后方向的水平受力较大,视情况可在沙发的对称位置(中间直立,前后方向)增加1块L形胶合板,如图1-37所示。圆形沙发的结构通常为"上、中、下胶合板+竖向木方(L形胶合板)",图1-38所示是圆形沙发框架案例。

3. 组合体

沙发俯视形态一般为矩形、圆形,在此基础上也会有些局部变化。如图1-39所示,常规俯视效果为矩形的沙发,靠背上方往左右伸展出去,则其木框架主体同上,伸展出去的"耳朵"则额外配置胶合

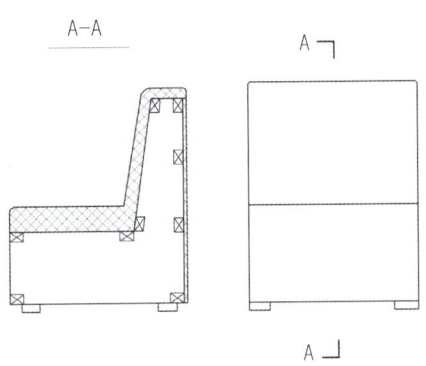

图1-36 俯视轮廓矩形的木框架结构

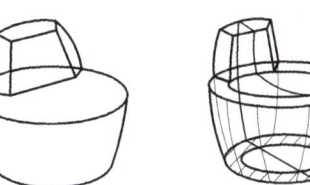

图1-37 俯视轮廓圆形的木框架结构

图1-38 圆形沙发框架案例

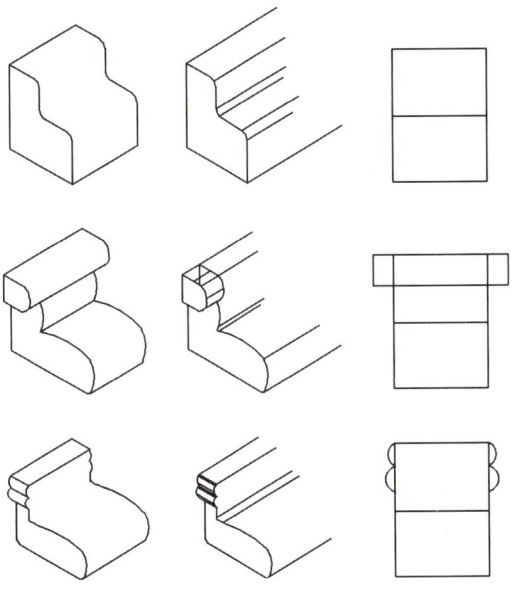

图1-39 异型不同位置的局部框架构造

图1-40 异型沙发框架案例

板和木方材若干。"耳朵部件"结构遵照"胶板塑形方材力"口诀,即胶合板为异型二维面(塑形),第三维为木方连接(强度连接)。

本案例两个效果的"耳朵"结构,前者为端部异型,故胶合板(梯形圆角,边侧1块,共2块)平行于主架L形胶合板,木方材一端钉接于端部胶合板小块,另一端与主架L形胶合板钉接;后者为迎面效果异型,故胶合板("3"形,前后2块,共4块)垂直于主架L形胶合板。具体钉接时,"3"形小部件先独立钉接(木方材两端与"3"形胶合板钉接),然后该部件与主架L形胶合板再钉接。

图1-40所示是一件异型沙发框架案例,读者自行分析。此处有一个缺点,即中间位置的L形胶合板,其座面处应该下凹30～50mm,以利于上部的弓簧-绷带弹性面有适合的伸展空间(同图1-38所示圆形框架的L形胶合板)。

四、其他材料框架

(一)金属框架案例

沙发框架以木框架为主,有时根据企业特点、综合成本等因素也采用金属等材料框架。

如图1-41所示,采用金属管材和金属丝焊接,表面喷涂银色防锈涂料。外露的脚架重点装饰电镀,其中脚部抛光为银白色,望板处亚光处理,银灰色。该沙发金属骨架的扶手、靠背可以通过五金调节角度,有级调节(共4～5级),适合坐、卧等不同姿态。靠背放平则变成了一件宽敞的沙发床。

图1-42是一件沙发的金属内架结构,参看沙发金属内架加工PPT(配料、弯管、焊架)。

金属配料　　金属弯管

金属焊架

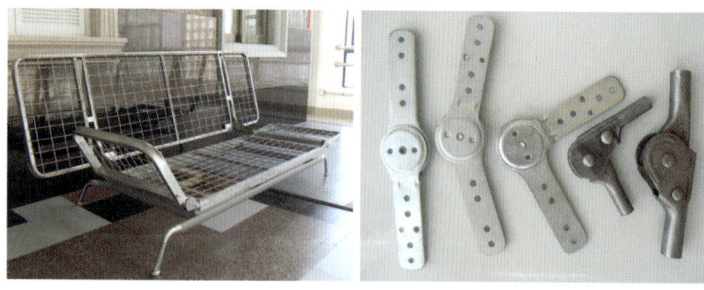

图1-41 金属框架及角度调节五金

图1-42 一件沙发的金属内架结构

（二）金属件外露部分质量要求

1. 电镀件
镀层表面应无锈蚀、毛刺、露底，应光滑、平整，无起泡、泛黄、花斑、烧焦、裂纹、划痕和磕碰伤等缺陷。

2. 喷涂件
涂层应无露喷、锈蚀，应光滑均匀，色泽一致，无流挂、疙瘩、皱皮、飞漆等缺陷。

3. 金属合金件
应无锈蚀、氧化膜脱落、刃口、锐棱；表面细密，应无裂纹、毛刺、黑斑等缺陷。

4. 焊接件
焊接部位应牢固，无脱焊、虚焊、焊穿；焊缝均匀，应无毛刺、锐棱、飞溅、裂纹等缺陷。

第三节　沙发木质内架配料的常用制作工具和设备

沙发木框架制作工艺主要涉及配料（木板材的纵剖、横截加工等）、毛料加工（平刨、压刨、镂铣、精截等），以及少量的净料加工（开榫头、钻孔、铣型、砂光等），相应的设备是单片纵锯机、横截锯、精密推台锯（人造板类材料加工）、细木工带锯机、平刨床、压刨床、立式铣床、镂铣床、立式单轴镂铣床等。

对于软体家具而言，不外露的内架加工为主体，其加工工艺主要为板方材配料、钉接、砂光等。为突出重点，本书重点介绍内架配料的常用设备、工具参数。

根据配料工序和生产规模的不同，配料时所用的设备也不一样。目前，我国软体家具生产中的配料设备主要有以下几类：纵解设备、横截设备、锯弯设备、钻孔设备和辅助设备等。

一、纵解设备

纵解设备用于实木锯材的纵向剖分，以获得宽度或厚度规格要求的毛料。

1. 单片纵锯机
单片纵锯机主要用于配料工段，纵向加工木板材、方材，如图1-43所示，常规设备参数见表1-1。

表1-1　单片纵锯机设备参数

尺寸 /mm	1650×1000×1400	锯轴直径 /mm	25.4
质量 /kg	730	送料速度 /（m/min）	13.3~23.3
锯切厚度 /mm	5~85	锯轴转速 /（r/min）	3660
最小锯切长度 /mm	200	锯轴电机功率 /kW	7.5
最大锯片尺寸 /mm	305×25.4	送料电机功率 /kW	0.75

2. 精密推台锯
精密推台锯主要用于配料工段，加工大幅面人造板材，可进行直角、斜角加工，如图1-44所示，常规设备参数见表1-2。

表1-2 精密推台锯设备参数

尺寸 /mm	1200×2060×900	质量 /kg	760
最大锯切长度 /mm	3120	主锯轴转速 /(r/min)	4000 或 5000
最大锯切厚度 /mm	80	槽锯轴转速 /(r/min)	9000
主锯片尺寸 /mm	305×30	主锯电机功率 /kW	5.5
槽锯片尺寸 /mm	120×20	槽锯电机功率 /kW	0.75

二、横截设备

横截锯用于实木锯材的横向截断,以获得长度规格要求的毛料。其类型较多,常用的有横截推台锯、双端截料锯、吊截锯等,如图1-45所示,常规设备参数见表1-3。

表1-3 摇臂式圆锯机设备参数

工作台面 /mm	960×700	电机功率 /kW	3
最大锯片直径 /mm	355	最高升降行程 /mm	160
最大加工厚度 /mm	110	主轴转速 /(r/min)	2860
最大加工长度 /mm	600	轴直径 /mm	25.4

三、锯弯设备

锯弯设备用于实木锯材的曲线锯解,以获得曲线形规格要求的毛料,通常使用样模划线后再锯解。

1. 细木工带锯机

细木工带锯机用于锯制加工木板材、方材,主要进行曲线加工,如图1-46所示,常规设备参数见表

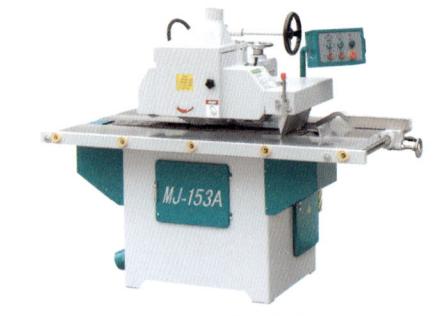

图1-43 单片纵锯机

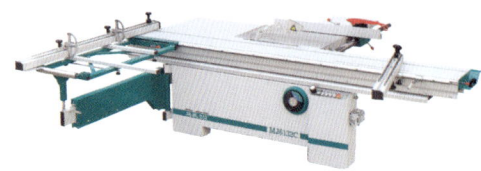

图1-44 精密推台锯

图1-45 摇臂式圆锯机

1-4。参看细木工带锯机安全操作视频讲解上、下。

表1-4 细木工带锯机设备参数表

质量 /kg	420
尺寸 /mm	1250×840×1930
锯轮直径 /mm	600
锯条长度 /mm	4080
锯条线速度 /(m/s)	21.5
安装功率 /kW	3

2. 开料机

开料机用于锯制加工板材,可进行曲线加工,如图1-47所示,常规设备参数见表1-5。

表1-5 开料机设备参数表

工作台面 /mm	1300×2500×2个
重复定位精度 /mm	±0.02
加工精度 /mm	±0.05
X、Y轴最大空运行速度 /(m/min)	0~80
X、Y轴最大加工速度 /(m/min)	0~20
Z轴最大空运行速度 /(m/min)	0~30
Z轴最大加工速度 /(m/min)	0~15
运行指令	HPGL G 代码

四、钻孔设备

钻床用于家具木制件钻孔,如图1-48所示立式多轴木工钻床用于多轴多向钻孔。也有数控钻孔设备,三维钻孔,如图1-49所示为数控设备钻孔图(局部),常规设备参数见表1-6。

表1-6 立式多轴木工钻床设备参数表

最大钻孔直径 /mm	35
最大钻孔深度 /mm	70
轴数 /个	4×3=12
钻轴转速 /(r/min)	2800
总功率 /kW	1.1×4
质量 /kg	630
外形尺寸 /mm	2500×700×1630

图1-46 细木工带锯机

细木工带锯机安全操作(上)　细木工带锯机安全操作(下)

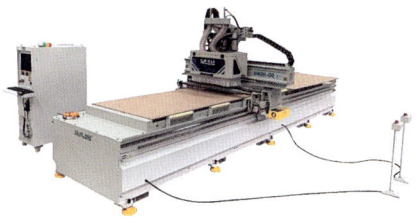

图1-47 开料机

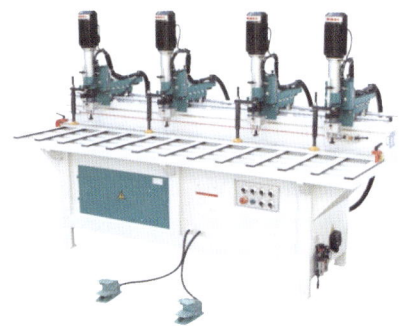

图1-48 立式多轴木工钻床

五、辅助工具和设备

1. 气钉枪

气钉枪（见图1-50）又称射钉枪，它是利用压缩空气的压力把钉子打进木板，外形和原理都与手枪相似。压缩空气压强0.5MPa左右，相当于五个大气压（大体是人在水下50m深时承受的压力，没有特制潜水服无法下潜），因此射钉速度很快。操作时要注意不能直接对着人，也要小心射钉打到木料上时可能发生的反弹。作业时一般要求戴平光镜，保护眼睛。

2. 空气压缩机

压缩空气由空气压缩机（见图1-51）提供，有的企业采用中央压缩空气系统，一个系统可为企业各个车间供应压缩空气。

图1-49 数控设备钻孔（局部）

图1-50 气钉枪

图1-51 空气压缩机

第四节 框架部件加工工艺流程及其技术要求

表1-7说明了以木材为基材的框架部件的加工过程。可以看到主要有四个环节，其中根据实际需要，组合不同。常规沙发的木质内架零件加工适用①④环节，高档沙发的内架零件加工适用①②④环节，沙发外露的木质零件加工适用①②③④环节。

以上工艺组合，作为软体家具而言，木质内架加工为主体，外露的实木扶手、脚等零件，一般发外加工。也就是说，常规的软体家具企业，其木质内架基本是①④组合工艺。因此，本节重点介绍①④组合工艺。

表1-7 框架部件的加工过程

序号	工段名称	工序名称	使用设备、工具
①	板方材配料	划线、锯解、横截	单片纵锯机、细木工带锯、横截锯
②	毛料加工	基准面、基准边、基准面相对面、基准边相对边、横截	平刨、压刨、铣床、横截锯
③	净料加工	划线、钻孔、开槽、砂光	钻床、铣床、砂光机
④	框架部件装配	木材零件装配、木框架修整、钉接木材零件、钉弹簧、钉绷带、裹贴胶合板	射钉枪、羊角锤

一、板方材配料

实木家具零部件的主要原材料是锯材。零部件的制作通常是从配料开始的,经过配料将锯材锯切成一定尺寸的毛料。配料就是按照产品零部件的尺寸、规格和质量要求,将锯材锯制成各种规格和形状的毛料的加工过程。原木经过锯制加工得到锯材,锯材分为方材和板材两种,依照材料断面,断面宽度:厚度≤3∶1的是方材,反之是板材。

配料包括选料和锯制加工两大工序,选料工序要进行细致的选择与搭配,锯制加工工序要进行合理的横截与纵解、锯解。进行配料时,应根据产品质量要求合理选料、合理把握锯材含水率、合理确定加工余量、正确选择配料方式和加工方法,尽量提高毛料出材率等。

(一)合理选料

合理选料是指选择符合家具产品质量要求的树种、材质、等级、规格、含水率、纹理和色泽等原料以及合理搭配用材,材尽其用。

合理选料的原则或依据为必须着重考虑木材的树种、等级、含水率、纹理、色泽和缺陷等因素,节约使用优质材料,合理使用低质材料,做到物尽其用。通常要将软材和硬材树种分开,将质地近似、颜色和纹理大致相似的树种混合搭配;高级家具的零部件以及整个产品往往需要用同一树种的木材来配料,而且都为高级木材。

(二)控制木材含水率

在配料前,所用的木材应预先进行自然干燥或人工干燥,并且内外含水率均匀一致,可以消除内应力,防止在加工和使用过程中产生翘曲、变形和开裂等现象,保证产品的质量。

气候湿润的南方与气候干燥的北方,要求材料的含水率控制在不同范围内,北方要求含水率低一些,南方应该含水率高一点,否则容易使零件变形或破坏家具结构。一般要求配料时的木材含水率应比其使用地区或场所的大气平衡含水率低2%~3%。

国家标准《GB/T 6491—2012锯材干燥质量》中规定了不同用途的干燥锯材的含水率。其中,家具制作时,用于胶拼部件的木材含水率为6%~11%(平均为8%),用于其他部件的木材含水率为8%~14%(平均为10%)。

(三)选定加工余量

加工余量是指将毛料加工成形状、尺寸和表面质量等方面符合设计要求的零件时所切去的一部分材料的尺寸大小。简单地说,加工余量就是毛料尺寸与零件尺寸之差。

1. 毛料的加工余量

(1)直料。家具企业的木质内架方材原材料都是成方、成捆买来的直线状锯制材,如图1-52所示,横截后,不用开榫头、榫眼,直接钉架为木架零部件、沙发内架。因此,沙发木质内架直线状零件的厚度、宽度方向无须加工;长度上的加工余量,由于采用钉接合,不用榫接合,加工余量小,一般沿着划线部位走位加工即可。

(2)弯料。有些零件,如扶手部位、靠背部位的木制件,是弯曲的;而且这些零件由于在海绵、皮布软质材料的内部,对表面光洁度要求不高。因此,弯料的宽度、厚度加工余量可以很小,基本上使用带锯机，沿着划线部位走位加工即可。

2. 倍数毛料的加工余量

如果所需毛料的长度较短或断面尺寸较小时，为了使小规格零件容易加工，可以考虑在长度方向、宽度方向或厚度方向上采用倍数毛料进行配料。图1-53所示是短料零件在长度方向按照倍数毛料画线。

3. 锯路余量

锯路总余量为锯口加工余量（锯路宽度一般为3～4mm）与锯路数量（倍数毛料数量-1）的乘积。阔叶树材毛料的加工余量应比针叶材毛料取得大些；圆形零件应以方形尺寸计算；大小头零件应以大头尺寸计算。

（四）确定配料工艺

配料方式主要是单一配料法和综合配料法两大类。

1. 单一配料法

单一配料法是指将单一产品中的某一种规格零部件的毛料配齐后，再逐一配备其他零部件的毛料，如图1-53所示。技术简单、生产效率较高；缺点是木材利用率较低，不能量材下锯和合理使用木材，材料浪费大；其次是裁配后的板边、截头等小规格料需要重复配料加工，增加往返运输，降低了生产效率；因而，适用于产品单一、原料整齐的家具生产企业的配料。

2. 综合配料法

综合配料法是指将一种或几种产品中各零部件的规格尺寸分类，按归纳分类情况统一考虑用材，一次综合配齐多种规格零部件的毛料，如图1-54所示。优点是能够长短搭配下锯，合理使用木材，木材利用率高，保证配料质量，但要求操作者对产品用料知识、材料质量标准掌握准确，操作技术熟练，因而，适用于多品种家具生产企业的配料。

图1-52　沙发厂木质材料料仓

配料时，根据锯材类型、树种和规格尺寸以及零部件的规格尺寸，锯材配制成毛料的方式如下：由锯材直接锯制符合规格要求的毛料；由锯材配制宽度符合规格要求，而厚度是倍数的毛料；由锯材配制厚度符合规格要求，而宽度是倍数的毛料；由锯材配制宽度和厚度都符合规格要求，而长度是倍数的毛料。

（五）提高毛料出材率

提高材料利用率的一般原则是"优材不劣用、大材不小用、长材不短用"，这是配料时必须重视的问题。

配料时可考虑采取以下一些措施：

（1）认真实行零部件尺寸规格化，使零部件尺寸规格与锯材尺寸规格相衔接，以充分利用板材幅面，锯截出更多的毛料。

（2）操作人员应熟悉各种产品零部件的技术要求，在保证产品质量和要求的前提下，凡是用料要求所允许的缺陷，如缺棱、节子、裂纹、斜纹等，不要过分地

图1-53　倍数毛料画线及单一配料法

图1-54　综合配料法

剔除，要尽量合理使用。

（3）操作人员应根据板材质量和规格，将各种规格的毛料集中配料、合理搭配和套裁下锯；可以将不用的边角料集中管理，供配制小毛料时使用，做到材料充分利用。

（4）对一些短小零件，如线条、拉手等，为了便于后期加工和操作，应先配成倍数毛料，经加工成净料后再截断或锯开，既可提高生产率和加工质量，又可减少每个毛料的加工余量。

（5）合理确定工艺路线，减少重复加工余量，除了需要胶拼、端头开榫等零部件外，在配料时应尽量做到一次精截，不再留二次加工余量。

（6）在满足设计要求下，尽量选用边角短料或加工剩余物、小规格材配制成小零部件毛料，做到小材升级利用。

（7）应尽量采用划线套裁及先粗刨后配料的下料方法。生产实践证明，可提高木材利用率9%～12%（如采用交叉划线效果会更好）。

（8）对规格尺寸较大的零部件，根据技术要求可以采用短料接长、窄料拼宽、薄料胶厚等小料胶拼的方法代替整块木材，用于暗框料、芯条料、弯曲料、长料、宽料、大断面料等，既可提高木材利用率，做到劣材优用、小材大用，又能保证产品质量，提高强度，减少变形和保证形状尺寸稳定。

二、沙发框架装配

木框架装配主要指采用钉枪将各个零件钉接起来。

装配工段一般是先进行座框、背框、扶手框等部件的安装（相关零件+塞角等钉接成部件），再将这些部件与胶合板及其他零件钉接、组装，直至得到完整沙发木框架。装配时要体会胶合板的连接桥梁、塑形作用。如图1-55至图1-57所示为装配现场，图1-58所示为木框架成品效果，此处装配图样不限于座框。装配过程中要注意确保形状、角度的正确性，经常用卷尺等工具检测形状、角度。

图1-59所示是学生的毕业设计作品，是由王永广老师、卡思堡公司共同指导的款式及其样板制作。

图1-55 沙发木框架组装车间

图1-56 沙发木框架组装现场（模板可见）

图1-57 沙发木框架组装现场

图1-58 沙发木框架成品

图1-59 学生沙发设计与开发案例

第五节 框架部件加工质量检验

一、现场质检、评议的意义

不论是企业打样、生产，还是课程实训，都应当依照国家标准有关质检要求进行。生产现场一般不可能有完备的检测设备，这就需要现场主要项目检测、小组评议。同时，应当抽样送到质检站、院校等有条件的部门进行全面、科学的质检，经验也起到很重要的作用。

现场主要项目检测可进行产品的尺寸及其偏差、形状和位置公差、材料品质、力学性能等项目的检测，这些项目可行性强，基本代表了家具的主要检测要求，可信度高。

小组评议有利于提高部门成员的业务素养。所谓集思广益，比如两个人互相交换苹果，还是各自拥有一个，可是互相交流思想，却可以同时拥有两个思路。因此，交流对双方、多方都是有益的，对于产品款式更新、技术改进以及表达能力提高、科学管理等都会有一定的促进和激发，有利于产品优化和成本控制，应当予以制度化。

小组评议分自评、互评等多种形式。原则是每位成员都要发表看法，体现在术语表达准确性、工艺环节规范性、检验丰富科学性等方面。

二、框架部件检测内容

1. 术语

（1）翘曲度。翘曲度是指产品表面的整体平整程度。

（2）平整度。平整度是指产品表面在1~150mm的局部平整程度。

（3）位差度。位差度是指产品中门与框架、门与门、门与抽屉、抽屉与框架、抽屉与抽屉的相邻表面间的距离偏差。

（4）外表。外表是指产品初始状态下的外部可视表面。

（5）邻边垂直度。邻边垂直度是指产品外形为矩形时的不矩程度。

（6）内表。内表指产品门、抽屉等活动部件开启，隔板或搁板等分割部件所展示的可视表面。

（7）软、硬质覆面。在基材表面覆贴浸渍胶膜纸、热固性树脂浸渍纸、高压装饰层积板等材料。

（8）饰面。在家具木质部件上采用的贴面、油漆涂饰、软质和硬质覆面等方法进行装饰处理。

（9）家具五金件。家具上具有连接、活动、紧固、装饰等功能的金属制件，主要包括连接件、导轨（滑道）、铰链、拉手、定位件、挂托件、脚架、脚轮、锁等。

2. 技术要求

（1）产品外形尺寸偏差。产品外形宽、深、高尺寸的极限偏差为±5mm，配套或组合产品的极限偏差应同取正值或负值。

（2）形状和位置公差。形状和位置公差见表1-8。

（3）木工要求

①榫接合：有榫接合的，接合处应涂胶。榫及零部件接合应牢固，外表接合处缝隙≤0.2mm。

②塞角：塞角等支承零件的接合应牢固，贴合框架零件内侧面。

③薄木和其他材料的覆面拼贴：薄木和其他材料覆面的拼贴应严密、平整，不允许有脱胶、明显透胶、

鼓泡、凹陷、压痕以及表面划伤、麻点、裂痕、崩角和刃口,贴面的纹理、图案、颜色应对称相似。通常要求贴面、覆面与基材的胶合强度≥0.4MPa。

④表面装饰造型要求:外表的倒棱、圆角、圆线应均匀一致。

表1-8　形状和位置公差　　　　　　　　　　　　单位:mm

序号	检验项目	要求		
1	翘曲度	面板、正视面板件对角线长度	≥1400	≤3.00
			(700,1400)	≤2.00
			<700	≤1.00
2	平整度	面板、正视面板件		≤0.20
3	邻边垂直度	面板	对角线长度 ≥1000	长度差≤3
			<1000	长度差≤2
			对边长度 ≥1000	对边长度差≤3
			<1000	对边长度差≤2
4	位差度	门与框架、门与门相邻表面、抽屉与门、抽屉与框架、抽屉与抽屉的相邻两表面间的距离偏差(非设计要求距离)≤2.0		
5	分缝	≤2.0		
6	底脚平稳性	≤2.0		
7	抽屉下垂度	≤20.0		
8	抽屉摆动度	≤15.0		

⑤装配要求:各种配件安装应严密、平整、端正、牢固,接合处应无崩烂或松动;不得有少件、漏钉、透钉;启闭零件和配件应使用灵活。

⑥涂饰粗糙度要求:涂饰部位粗糙度R_a≤3.2μm(精光),内部不涂饰部位的粗糙度:R_a为3.2~12.5μm(细光),隐蔽处的粗糙度R_a为12.5~50μm(粗光)。

⑦雕刻要求:雕刻的图案应均匀、清晰、层次分明,对称部位应对称,凹凸和大挖、过桥、棱角、圆弧等处应无缺角,铲底应平整,各部位不得有锤印或毛刺。

⑧车削木材质量要求:车木的线型应一致,凹凸台级应匀称;对称部位应对称,车削线条应清晰,加工表面不得有崩烂、刀痕、砂痕。

(4)涂饰要求

①整件产品或配套产品色泽应相似:分色处色线应整齐,不涂饰部位应保持整洁,内表应涂饰或作其他表面处理。

②正视面(包括面板)涂层应平整光滑、清晰:漆膜实干后应无明显木孔沉陷,其他部位表面涂层手感应光滑,无明显粒子、涨边和不平整;漆膜实干后允许有木孔沉陷。

③涂层不得有皱皮、发黏和漏漆现象:应无明显加工痕迹、划痕、雾光、白楞、白点、鼓泡、油白、流挂、缩孔、刷毛、积粉和杂渣。

（5）表面理化性能要求。相关检测项目及手段如下，根据检验效果对照国家相关标准中级别要求。特殊试验条件及要求可由供需双方协定，在合同中明示。

①耐液性：用10%碳酸钠，24h，10%乙酸溶液检测。

②耐湿性：在20min，70℃条件下检测。

③耐干热：在20min，70℃条件下检测。

④附着力：采用涂层交叉切割法检测。

⑤耐冷热温差：3周期检测，应无鼓泡、裂缝和明显失光。

⑥耐磨性：1000r检测。

⑦抗冲击：冲击高度50mm检测。

（6）有害物质限量。家具中有害物质限量应符合国家标准有关规定。

（7）阻燃性。

第六节　工学结合项目　框架部件设计与制作

主题：框架部件设计与制作　　学时数：15

一、实训意义

沙发框架部件是软体家具的"骨骼"，是软体家具形态的内在依托，承受人体重量，保证形体稳固。通过实训加以认识、体会这些知识。

二、实训内容

（1）设备的安全、规范操作练习；

（2）认识沙发座框部件材料，并对沙发框架进行结构设计与制作。

三、实训材料与设备

（1）设备与工具：带锯机、开料锯、砂光机、钉枪、卷尺、角尺等；

（2）材料：木板、木方、胶合板、棉毡、弹簧、绷带、塑料网等。

四、实训目标

（1）会依照木架模合理划线、正确开料，确保高出材率；

（2）能说出主要材料的性能、规格、一般使用疏密度；能独立设计一件沙发座框架；

（3）懂安全操作知识，能合理规避风险；会安全操作工具设备制作、钉制木框架。

五、实训场地与组织

家具制作车间,以组为单位(每组7~8人),由授课教师进行讲解和示范,并安排学员进行实际操作、生产。

六、实训纪律与注意事项

(1)遵守实习时间,不迟到,不早退;
(2)实训过程中应按指导教师和实训指导书要求去做,认真完成每项任务;
(3)缺课1/4以上者,无实训成绩。

七、考核办法与标准

题目	考核环节	考核点	建议考核方式	评价标准			
				优	良	及格	不及格
沙发座框部件设计及制作	职业技能	(1)能够说明框架在沙发中的作用,能说明座框部件结构连接、受力特点 (2)熟悉框架部件组成材料清单及材料规格、材性特点(抽选2种材料) (3)会规范操作实木零件加工工具、设备(抽选2台),有自我防护意识 (4)能说出实木零件加工工艺流程及其技术要求 (5)能依照木架模板(图纸)合理划线、正确开料,确保高出率 (6)做出的座框部件,依照国家标准有关检测项目检测,达到"C"等 (7)做出的座框部件,依照国家标准有关检测项目,达到"A"等 (8)设计、制作等环节有创造性	实训考勤、个人与小组答辩、实训成果集体评议相结合	9个考核点合格	7个考核点合格	6个考核点合格	4个考核点合格
	综合素质	(1)实训环节团队精神好,合作意识强 (2)答辩内容翔实,语言流畅,条理清晰					

💡 复习与思考

(1)支架材料包括哪些?各有什么特点?配件和装饰材料是什么?
(2)说明框架部件的结构连接特点。
(3)如何选料?如何确保木材加工时的高出材率?
(4)现场检测、评议有什么意义?通用木家具质检知识有哪些要点?

第二章 软质材料黏附与填充

学习目标

1. 了解海绵、软包在沙发中的作用。
2. 了解聚氨酯泡沫塑料类别，掌握不同类型海绵的理化性能差异。
3. 熟悉聚氨酯泡沫塑料的材料规格、使用场合等应用知识。
4. 了解并能安全操作泡沫塑料主要加工设备。
5. 掌握软质材料零部件的加工工艺。
6. 熟悉海绵材料的质检（国家标准）、鉴别知识。

沙发是坐卧类家具，它以休闲性为主，这决定了沙发的尺度相对较大，以便适应多变的姿态，回弹空间相对宽余，以便在各种姿态下（坐、卧等）都能贴身。这种特点决定了沙发的特定结构类型——软质材料的使用，诸如海绵、羽绒、慢回弹海绵、乳胶、螺旋弹簧、纤维棉、公仔绵等。

依据软质材料的作用、地位，可类比人"肌体"——内有骨骼（木框架）、外有装束（皮革布），起到很好的衔接内外的作用。因此，本章所述软质材料可称为软体家具的"肌体"——通过足够厚度、弹性使得身体和木架硬接触的可能性大大降低，从而沙发变形性、贴身性增强；其次，软质材料对于木框架不便表达的细节形态进行勾勒，使得沙发饱满，显得雍容、富丽，丰富了室内空间效果，使得居家生活更加闲适、惬意。对于办公等商业空间，适当采用软体家具，也显得更为怡人。

沙发座包海绵部件的粘贴

本章将介绍这些软质材料及其组合知识；介绍座包部件的设计及制作；介绍海绵、纤维棉、羽绒等裁切、抛松、填充的设备及工艺。参看动画沙发座包部件的粘贴。

最后，实训环节安排了"软质材料黏附与填充"任务及考核参考标准。读者可以创造条件，进行设计制作，在实践中提高业务技能及综合素养。

第一节 泡沫塑料分类及其理化性能

一、概述

聚氨酯泡沫塑料是聚氨酯材料中用量较大的品种之一,如图2-1所示是海绵的电子显微镜放大照片。参看讲解小视频"青纱魅影"沙发。

1. 泡沫塑料形态

泡沫塑料系由聚合物基材和发泡气体制成的复合材料。泡沫塑料可定义为气体分散于固体聚合物中所形成的聚集体。泡沫塑料的密度取决于气体与固体聚合物的体积之比。对于低密度泡沫塑料来说,气体与固体聚合物的体积比为9∶1;对于高密度泡沫塑料来说,气体与固体聚合物的体积比为1.5∶1,所以泡沫塑料是指气体与塑料的体积之比为(1.5∶1)~(9∶1)的材料。

液状泡沫中可能存在的三种泡孔构型如图2-2所示。图2-2(a)为球体泡孔,球体泡孔具有最小界面和毛细管压力,它是一种最稳定的泡孔构型,但是密堆排列的球体泡孔的体积不超过有效空间的74%。密堆排列球体泡进一步膨胀,其体积超过系统总体积的3/4时,泡孔构型由球体变成规则的多面体构型,图2-2(b)和图2-2(c)分别为Kelvin's十四面体和五边形十二面体。Kelvin's十四面体是由6个正方形和8个六边形组成。两种多面体泡孔构型中,五边形十二面体泡孔构型的存在可能性更大,因为五边形十二面体是一种等角几何形状,泡孔壁面成120°角相交形成泡孔棱,泡孔棱以109.5°夹角交会,这种泡孔构型最适宜存在于液态泡沫中。

泡沫塑料具有密度小、热导率低、隔热、吸音及缓冲等优良性能,价格较低廉,制造工艺简单。泡沫塑料材料和制品广泛用于多个部门。

2. 泡沫塑料力学性能的影响因素

泡沫塑料的力学性能与密度、泡孔大小及分散度有着密切关系。密度高、泡孔细小均匀的泡沫塑料的力学性能较好;反之,密度低、泡孔粗大不均匀的泡沫塑料的力学性能较差。

固体填料的几何形状也是影响复合材料强度的因素,例如纤维状填料能提高固体复合材料的拉伸强度,同理,泡沫塑料中泡孔的几何形状也影响其力学性能。

在发泡过程中,泡孔随泡沫上升而取向,球形孔变成椭球形孔,平行(顺)泡沫上升方向的压缩强度高于垂直(横)泡沫上升方向的压缩强度,这表明了泡孔取向对泡沫塑料力学性能的影响。图2-3显示了泡孔几何形状对硬质泡沫塑料压缩强度的影响。泡孔的高宽比(高度与宽度之比)>1,表示作用应力的方向与泡沫上升方向(泡孔拉长方向)相平行;泡孔的高宽比<1,表示作用应力的方向与泡沫上升方向相垂直。从图中可以看出,高宽比>1时,压缩强度明显增大。

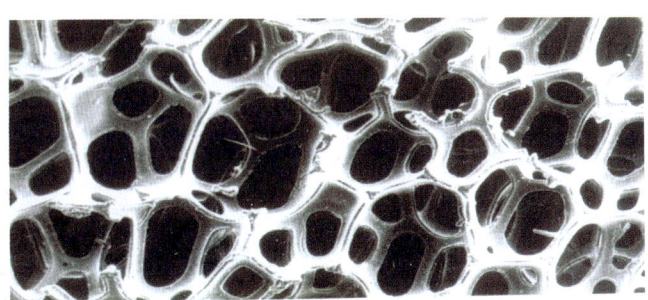

图2-1 海绵爆破开孔电子显微镜放大照片

青纱魅影(上)　　青纱魅影(下)

3. 软质聚氨酯泡沫塑料（FPF）

软质聚氨酯泡沫塑料（简称聚氨酯软泡）是指具有一定弹性的一类柔软性聚氨酯泡沫塑料，它是用量最大的一种聚氨酯产品。聚氨酯软泡的泡孔结构多为开孔的。一般具有密度低、弹性恢复好、吸音、透气、保温等性能，主要用作家具垫材、交通工具座椅垫材等，家具中最为常见的是片状海绵，它们具有不同的厚度、回弹、密度等参数，供家具研发人员选用。

二、模塑软泡

模塑软泡的生产方法是将聚氨酯原料混合后直接注入模具发泡成型，因而泡沫制品的形状完全由模具决定。模塑软泡与软质块泡的主要区别在于发泡工艺不同。与块状软泡制造工艺相比，模塑工艺无须切割成型工序，可减少泡沫边角料的浪费，对于外形复杂制品的生产，模塑成型的优势更为突出，还可制成"双硬度"的坐垫。模塑软泡发展在软泡市场上占有重要的地位，如图2-4所示。参看学习二维码讲解小视频"丛中笑"沙发。

影响泡沫密度的因素有：模具形状、制品尺寸、模温、物料填充量及出气孔的大小等。配方中水的用量影响着泡沫的密度和硬度。

模塑制品如图2-5和图2-6所示，

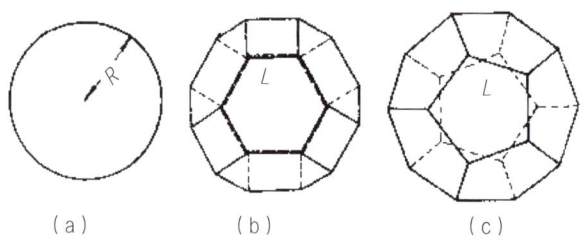

图2-2 泡沫塑料中可能存在的三种泡孔构型
（a）球体泡孔 （b）十四面体泡孔 （c）五边形十二面体泡孔

图2-4 模塑海绵生产车间

丛中笑（上）　　丛中笑（下）

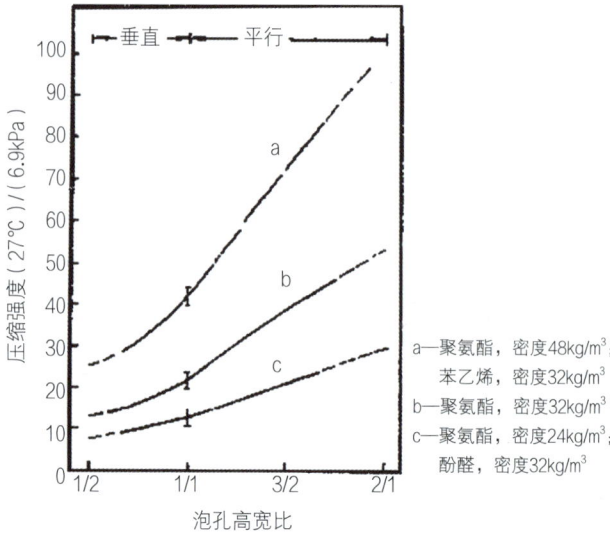

图2-3 泡沫几何形状对硬质泡沫塑料压缩强度的影响

a—聚氨酯，密度48kg/m³；
　苯乙烯，密度32kg/m³
b—聚氨酯，密度32kg/m³
c—聚氨酯，密度24kg/m³；
　酚醛，密度32kg/m³

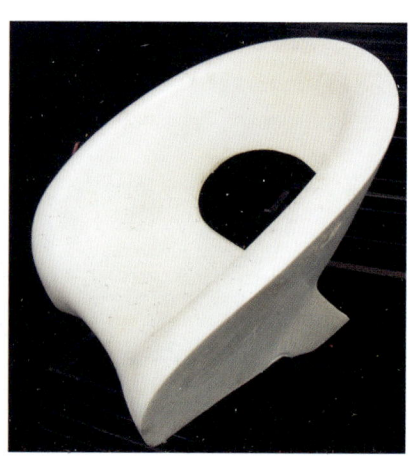

图2-5 椅子模塑定型绵（内有金属架）

是整皮模塑沙发椅的内胆。整皮模塑泡沫与一般半硬泡不同，通常半硬泡是将表面材（PVC、ABS等）与发泡组分一起发泡形成一个整体，应用于车辆等作装饰材料。整皮模塑泡沫不用表面材料，因为发泡组分成形时能够一次生成表材与泡沫芯材。这样，泡沫制品的表层密度高，内部密度低，而且表芯之间密度有一个突变点（见图2-7）。

由图看出，整皮模塑泡沫制品的密度，虽然总密度不高（120~130kg/m³），但其表面层密度高。这样，泡沫制品的抗张强度等机械性能就相当高。与一般工艺比较，整皮模塑半硬泡的工艺过程有许多优点：工效高、成本低、设备少、制品质量好、耐老化性优良等。它还常用于方向盘外套海绵，表面结实，内部则松软。

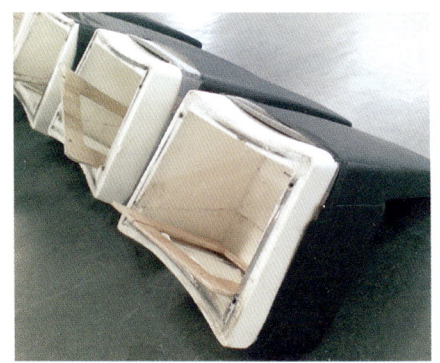

图2-6　模塑椅内金属骨架及局部放大图

三、慢回弹聚氨酯泡沫

所谓慢回弹聚氨酯泡沫是指泡沫受外加作用将其变形后，并不是像以往海绵一样立马恢复原形，而是缓慢地恢复原形，且无残留变形泡沫。因此，慢回弹海绵又称记忆海绵、惰性海绵、零压海绵，如图2-8所示。

慢回弹聚氨酯泡沫具有优异的缓冲、隔音、密封等性能，可应用于床垫、医院病床、轮椅坐垫、汽车发动机的噪声防治、地毯底衬、儿童玩具等。太空记忆海绵最初乃美国太空总署研制，用作减轻飞行员乘坐太空船升空及降落时所受压力。

因为慢回弹聚氨酯泡沫回弹性极低，因而其对外界压力的反斥力很小，将其用于医院的病床、轮椅坐垫等，可以大大降低接触点的压力，增加病人的舒适感。太空记忆绵应用在床褥上，睡眠时能适应人体压力的不同自动调节承托力，迅速分散人体压力，可有效促进血液循环，让肌肉得到完全放松，减少不必要的翻身次数。另外，由这类泡沫制备的各式各样的出气玩具，打不死、捏不烂，与其他玩具相比，具有卫生、安全、成本低廉等优点，备受大人、孩子的喜欢。

表2-1是慢回弹聚氨酯泡沫性能。回弹时间可以在生产时根据配方调节，比较好的回弹时间是3~5s，太短了起不到慢回弹效果，太长了会使身体发僵（想想如果你翻身，它半天还没回弹起来）。

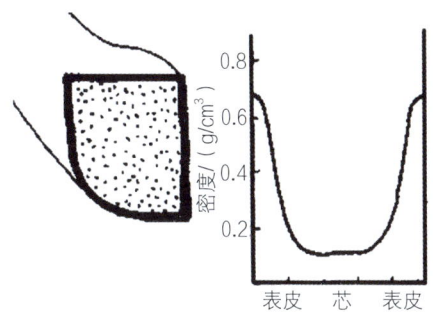

图2-7　表材与芯材密度

图2-8　慢回弹海绵

高档慢回弹海绵手感很舒服，捏上去就像捏面团的感觉，差一点的慢回弹要不感觉有点发晕，要不就有些僵硬。高档慢回弹海绵还有很好的温度感应，会随温度变化而变软或变硬，手放上不用给压力就可以看到手印。

表2-1 慢回弹聚氨酯泡沫性能

原料组成	性能指标	数值
原料组成：高活性聚醚多元醇、聚合物聚醚多元醇、ZY-108、L-580、催化剂、水、异氰酸酯	泡沫密度 / (kg/m³)	150 ~ 160
	硬度（邵氏）A	18 ~ 15
	撕裂强度 / (kN/m)	0.76 ~ 0.87
	伸长率 /%	90 ~ 130
	回弹率 /%	7 ~ 9
	回弹时间 /s	3 ~ 10

四、乳胶海绵

乳胶泛指聚合物微粒分散于水中形成的胶体乳液，又称胶乳。习惯上将橡胶微粒的水分散体称为胶，而将树脂微粒的水分散体称为乳液。以乳胶为原料制成的制品称乳胶制品，常见的如海绵、手套、玩具、胶管等。乳胶可分为天然、合成和人造三类。

1. 天然乳胶

天然乳胶是橡胶树割胶时流出的液体，呈乳白色，固含量为30% ~ 40%，橡胶粒径平均为1.06μm。

新鲜的天然乳胶含橡胶成分27% ~ 41.3%（质量）、水44% ~ 70%、蛋白质0.2% ~ 4.5%、天然树脂2% ~ 5%、糖类0.36% ~ 4.2%、灰分0.4%。为防止天然乳胶因微生物、酶的作用而凝固，常加入氨和其他稳定剂。天然乳胶主要用于制作海绵制品、压出制品和浸渍制品，如图2-9所示为橡胶树割胶现场。

天然乳胶的弹性足，能使人体各个部位完全贴合床面，让身体充分感受乳胶的特殊弹力，不论哪种动作，都能给予身体各部位最贴切的支持。乳胶自然通气、除湿、防螨及不吸尘的特性是确保健康睡眠品质的绝佳选择。如图2-10所示为天然乳胶制品。

2. 合成乳胶

合成乳胶一般通过乳液聚合制得，如聚丁二烯乳胶、丁苯乳胶等。为使固含量达到40% ~ 70%，首先使橡胶微粒附聚成较大的颗粒，再采用与天然乳胶相似的方法浓缩。合成乳胶主要用于地毯、造纸、纺织、服装、印刷、涂料及胶黏剂等工业部门，如图2-11所示为乳胶制品。

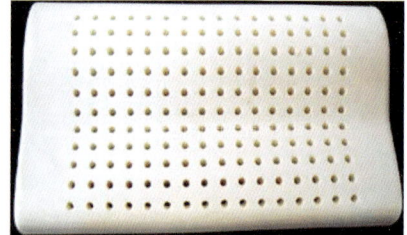

图2-10 乳胶海绵枕头、床垫

图2-9 橡胶树割胶现场

图2-11 乳胶手套

3. 人造乳胶

人造乳胶是一种非乳液聚合的橡胶乳胶。向溶液聚合生成的胶体中加入水和表面活性剂，使橡胶微粒分散于水中，然后蒸除溶剂制得。如果橡胶不能充分溶解于溶剂中，可将生胶和胶料在含有乳化剂的水相存在的条件下，不断提炼，直至形成稳定的橡胶水分散体。人造乳胶与合成乳胶的用途基本相同。

五、聚氨酯软泡塑料的性能

聚氨酯软泡、半硬泡的物理机械性能取决于泡沫塑料的内在化学结构，也就是发泡配方，即泡沫化学原料组成和加工方法等对泡沫的性能有着直接的影响。

一般聚酯型泡沫的机械强度比聚醚型泡沫好；而柔软性与回弹性等是聚醚型泡沫塑料好。

1. 密度

密度对于泡沫体的性能和经济性很重要，因为它反映了泡沫体内气体含量与聚合物含量的比例。常规等级的块状软质聚氨酯泡沫材料的密度一般为12~40kg/m³。加有填料、阻燃助剂的泡沫体一般密度更高一些，为25~100kg/m³。软质模塑成型聚氨酯泡沫材料因为工艺的关系密度又更高些，但是也可以低到25kg/m³左右。

密度和硬度有时候被认为是等价的，实际上它们是完全不同的两种性能，而且两者之间的关系并不紧密。加入更多水在降低聚氨酯泡沫材料密度的同时也会增加聚氨酯中脲的含量，这样材料的硬度反而上升。许多阻燃剂在使材料密度增大的同时又使材料变得更软。共聚多元醇可以加强泡沫体的硬度，但是不会影响其密度。

如图2-12所示，总体而言，泡沫硬度与其密度成正相关；其次，同一个密度的泡沫材料，可通过添加不同的助剂、水等，采取不同的工艺，达到不同的硬度效果。

2. 泡沫孔径大小

机械性能也受泡沫孔径大小与几何形状影响，表2-2列出了聚酯型聚氨酯软泡的泡孔大小对机械性能的影响。可以看出，较细泡孔的泡沫有较大拉伸强度和弹性，而硬度与压缩变定有轻微上升。

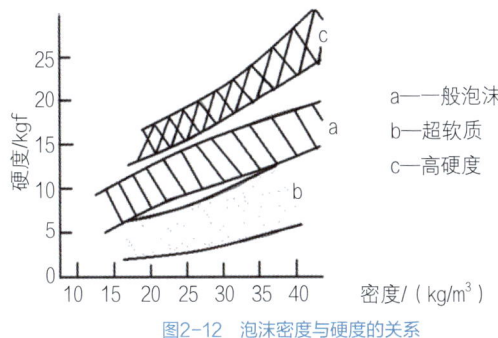

图2-12 泡沫密度与硬度的关系

a——般泡沫
b——超软质
c——高硬度

表2-2 聚酯型聚氨酯泡沫孔径对性能的影响

泡孔平均直径/mm		0.254 ~ 0.508	0.635 ~ 0.889	1.010 ~ 1.270
拉伸强度/kPa		239.1	205.8	129.3
弹性/%		310	335	250
压缩变定/% 50% 形变 22h 70℃		10	5	5
压缩形变/kPa	10% 形变	6.37	6.27	5.49
	25% 形变	6.56	5.98	5.49
	50% 形变	7.94	6.47	6.17
	70% 形变	15.68	12.05	9.51

第二节　软质材料在软体家具制品中的应用

软质材料如同软体家具的"肌体"。类比人的肌体，可知肌体主要成分肌肉和脂肪的位置、作用有所不同，肌肉在内，脂肪在外，肌肉密度大、强度大，脂肪则密度小、强度小。软质材料的海绵、纤维棉等材料的位置、作用与此类似。

通常，海绵较硬，强度大，位于座包结构的内侧；而纤维棉、羽绒等材料，则松软，强度小，位于座包表面、边沿，起到塑形、改善触感的作用。两类材料依照一定厚度组合，整体给人丰满、回弹得力而又体贴的良好印象，有力保证了生活的舒适、温馨。

一、聚氨酯泡沫塑料的应用

泡沫塑料有块状泡沫和模塑泡沫两种主要生产方式。制品主要用于家具垫材、床垫、车辆坐垫、织物复合制品、包装材料及隔音材料等。

1. 垫材

聚氨酯软泡是制作家具软垫及车船座椅的理想材料。目前家具座椅、沙发、汽车坐垫和靠背等的垫材基本上都是聚氨酯软泡，是聚氨酯软泡用量最大的市场。如图2-13和图2-14所示是沙发常用海绵样品，分别是规整块状和异型材。

坐垫用泡沫塑料的密度一般在35kg/m³以上。坐垫一般由聚氨酯软泡和塑料（或金属）骨架支撑材料制成，但人们开发了全聚氨酯坐垫，是采用双硬度聚氨酯软泡制造的。例如采用聚酯型泡沫（机械强度好）作为支撑件，坐垫表面层使用的聚醚型泡沫塑料（柔软性与回弹性好）或高回弹泡沫塑料。

用聚氨酯块状泡沫制造坐垫时，一般裁成简单的长方体，如火车和大客车上的长座椅、沙发等。外形复杂的坐垫，特别是各种车辆及其他交通工具用软坐垫基本上全部采用模塑泡沫塑料。高回弹泡沫塑料具有较高的承载能力和较好的舒适度，已广泛用于各种车辆的坐垫、靠背、扶手等。

聚氨酯软泡透气、透湿性好，还适合制作床垫。例如，在我国称为"席梦思"的床垫，大多数由聚氨酯软块状泡沫片材、弹簧及面料等制成。也可用不同硬度、密度的聚氨酯制成双硬度床垫或单一材料的全软泡床垫。表2-3是软体家具常用海绵的主要物理性能知识。如图2-15所示是办公椅软包构造，可见面料下方为双层密度海绵，其密度都大于25kg/m³，整个座包由异型胶合板支撑。如图2-16所示为海绵密度测定仪。

图2-13　家具用不同密度、硬度的海绵样品

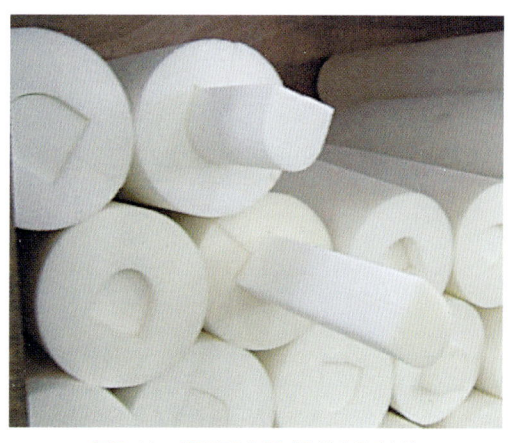

图2-14　成型海绵制品（沙发头靠内衬）

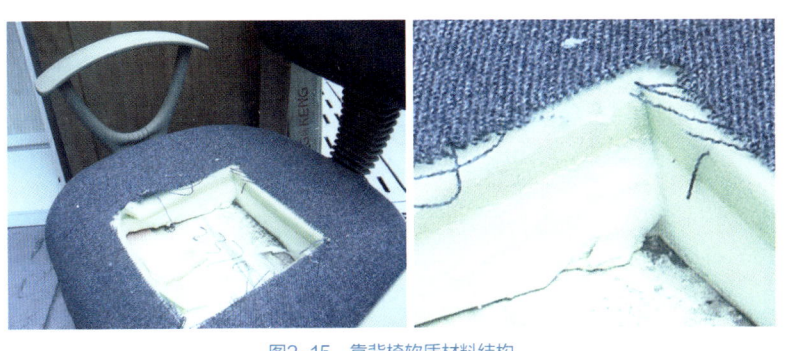

图2-15 靠背椅软质材料结构　　　　　　　　图2-16 海绵密度测定仪

表2-3 软体家具常用海绵知识

海绵名称	密度/(kg/m³)	硬度	回弹率/%	常规厚度/cm	备注
22中软	16.5	49	31	1，1.5，2.5，5，7.5，10	1，1.5，2.5cm用于较圆形线条的贴木架部分，其他用于填充空间或软包造型
大眼绵	21.5	22	45	5，7.5	一般用于沙发的拼架或扶手装包
30硬	26.5	—	—	1.2	主要用于直线沙发的贴木架部分
35硬	28.5	66	35	5，7.5	主要用于皮沙发坐垫
C01	31.5	25	59	2.5，5，7.5	2.5cm用于扶手面或拼面，其他用于座面
40硬	34	87	25	0.3，0.6，2，2.5，3，4	0.3，0.6cm主要贴在皮上，其他用于直线条沙发的扶手面或木架拼顶
B120	37	48	47	0.8，1.8，2.5，4，5，7.5，10	较高档沙发的座面
50A	40.3	85	25	0.6，1.2，2.5，5	特殊部位才能用到

2. 装饰、功能（边）条

聚氨酯泡沫塑料也可以制作不同硬度的线材，用于沙发的配件，起勾勒产品形态、增强层次性的作用。形态为胶条、胶边，包裹皮革、布料里面等，丰富沙发制品形态。如图2-17所示为一些装饰、功能条，如图2-18所示是一些不同密度、硬度的泡沫塑料件在沙发上的使用情况，如图 2-19和图2-20所示是一些泡沫塑料的细节形态。

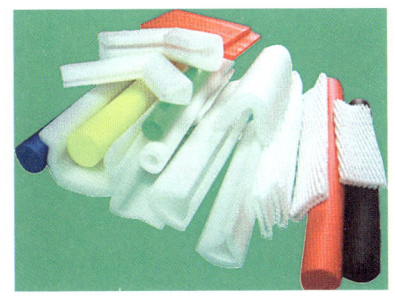
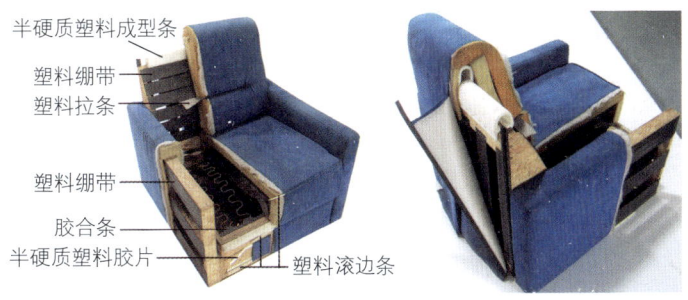

图2-17 聚氨酯泡沫配件制品　　　　　　　图2-18 单人沙发解剖

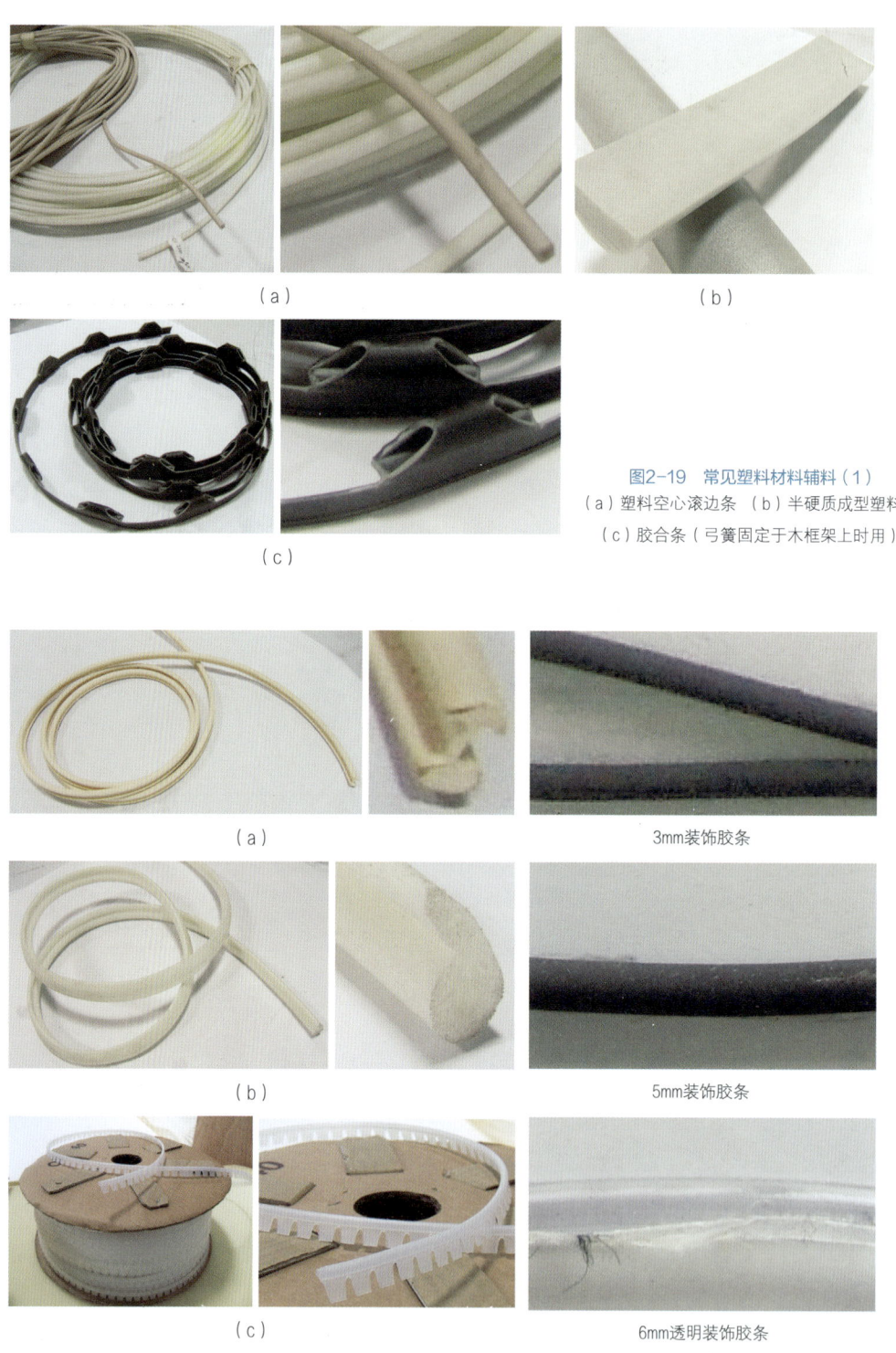

图2-19 常见塑料材料辅料（1）
（a）塑料空心滚边条 （b）半硬质成型塑料条
（c）胶合条（弓簧固定于木框架上时用）

3mm装饰胶条

5mm装饰胶条

6mm透明装饰胶条

图2-20 常见塑料材料辅料（2）
（a）塑料滚边条 （b）半硬质成型塑料边条（外包皮革，用于沙发边缘塑形）
（c）边缘装饰滚边条（外包皮、革，可随意弯曲，内侧胶片边已剪口，便于弯曲）（d）滚边条

二、其他软质材料的应用

1. 纤维棉

纤维棉主要用于皮布面下方,如图2-21所示,它蓬松、柔软,让沙发显得更为饱满、挺括,也能改善触感;同时,沙发制作时,由于纤维棉的滑爽,皮布面罩装时更为便利。从绪论中的单人沙发解剖图中可以看到纤维棉的使用情况。

2. 公仔绵

公仔绵主要用于抱枕、座包等的内部充填,如图2-22所示。

3. 羽绒

羽绒主要用于高档产品中较为近身的部位,如图2-23所示。羽绒是天然材料,重量轻、保暖、干爽,羽绒个个独立存在所以最贴身,立体状的纤维几乎不会变硬、变形;且羽绒(毛)压缩比大,舒适性好。

羽绒制品多被单独包裹成羽绒包,置于座面海绵上侧、靠背海绵前侧等部位,视觉效果蓬松、雍容。

图2-21 纤维棉

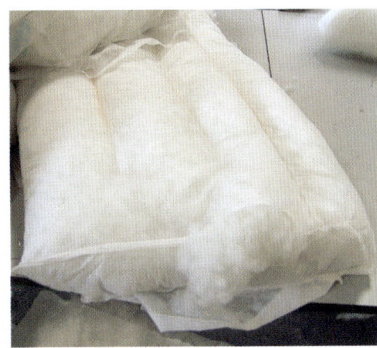
图2-22 公仔绵

图2-23 羽绒

第三节 泡沫塑料主要加工设备

1. 海绵裁切机

本机主要用于泡绵垂直切片及泡绵成型的切片工作,还可加工各种纸类EVA及珍珠棉工作,如图2-24所示。表2-4为海绵裁切机主要技术参数。

2. 小型海绵裁切设备

如图2-25所示是小型手动海绵裁切设备,加工效果比手工切割海绵精准,适合小量、单件样品制作。

3. 公仔绵开松、混料填充机械

本设备组合分为将公仔绵蓬松和填充两个工序。因为公仔绵原材料都是压缩包装的,必须先蓬松。如图2-26和图2-27所示是公仔绵等开松、混料填充机械及其主要加工流程,表2-5是该设备主要参数。

图2-24 海绵裁切机

表2-4 海绵裁切机主要技术参数

内工作台尺寸/mm	W1320×L2290
外工作台尺寸/mm	W1200×L2290
切割高度/mm	800，1200
刀带长度/mm	7320，8100
电机功率/kW	1.68

表2-5 开松、混料填充设备主要参数

出口宽度/mm	790
外形尺寸/mm	3650×1500×2400
质量/kg	800
电机功率/kW	2.2

图2-25 手动海绵裁切机

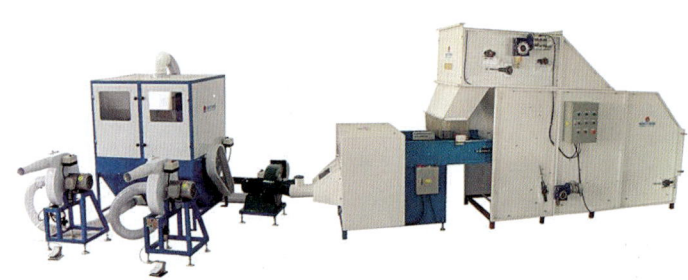

图2-26 公仔绵开松、混料填充机械

原料

送料

出仓

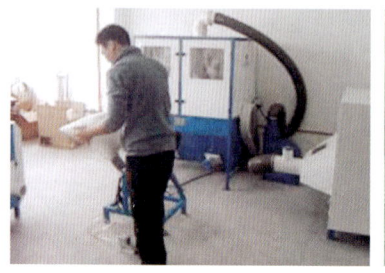

充绵

电子秤称重

软包制品

图2-27 公仔绵开松、混料主要加工工序

第四节　软质材料零部件的加工

本节先以图片形式介绍两款实木家具的软包制作流程，再介绍软质材料的材料、结构、加工情况。

一、软质材料加工相关术语

1. 飞边

依照人机工程学的要求，沙发座位通常前高后低，以保证人就座时重心后倾，坐得稳当。有时需要将座位海绵斜向削掉一部分，这个过程叫"飞边"工艺，如图2-28所示座包海绵中间的橘色海绵即是"飞边"。飞边处理后的海绵通常会和其他规整海绵粘接组合，形成座包部件。其他情况，比如腰部、脖颈处，出于体贴的需要，也会增加一块海绵，此时周边也要飞边，和下部海绵自然过渡。

有时"飞边"是为了形态的需要，如图2-29所示沙发椅背部白色海绵靠近扶手处的边部采用了"飞边"工艺。斜向切割面距离边部约50mm，让靠背与扶手的厚到薄的连接过渡自然，视觉过渡自然，手感过渡也自然。

有时"飞边"工艺是为了稳定的需要，如图2-30所示，沙发座面外周的几块黄色小海绵进行了"飞边"，形成了内倾的效果，主要是为了在座位处形成空间，以便放置羽绒座包，保证座包不会错动。

2. 毛刷修整

多块海绵要在内架表面粘贴、拼合，而且一些边面部位还要进行诸如"飞边"等手工切削，因此，难免产生边面不流畅、不平顺的凹凸起伏现象。为了保证视觉流畅、触觉爽滑，需要将有起伏的海绵修平顺，这个过程叫"毛刷修整"，一般用细硬铁丝做成的"（铁）毛刷"刷（铁丝整齐伸出板面1~2mm），如图2-31所示。

刷削时，注意毛刷面和受削面相切，以免走样；施力方向一般指向沙发主体方向（以免黏结未干的海绵块之间发生脱胶分离，甚至位移错动）；刷削过程中，一般保持毛刷角度不变（不要转动毛刷板面）。

3. 抓边

如图2-32所示，用海绵胶将两块海绵侧边面（成一定夹角）粘起来，一般叫"抓边"。在海绵的边面部喷上胶水，手工把海绵粘成一条圆弧边。根据需要在沙发靠背、扶手等部位的边缘处采用抓边，可以得到圆润的效果。

图2-28　中间橘色海绵经过了"飞边"

图2-29　背部白色海绵下侧"飞边"

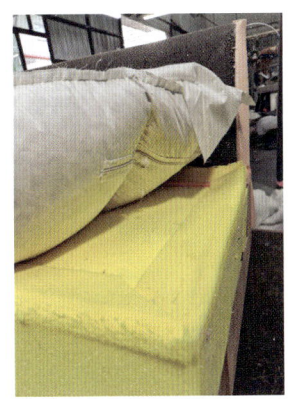
图2-30　沙发座面"飞边"

4. 内袋分区

软包一般有两层外袋（套），外袋是真皮或高级布料，而内袋则是无纺布包。内袋主要用于填充公仔绵、纤维棉、羽绒等材料，这些填充材料由于松散，使用时在外力作用下容易滑动错位，又很难均匀回位，因此，需要将内袋分区。如图2-33所示的袋包制品，就通过八股缝片分了五个区。

二、软质材料黏附、填充工艺

软质材料如海绵、纤维棉、公仔绵、羽绒等原材料，形态不同。海绵、纤维棉呈块状，公仔绵、羽绒呈碎料状，因此使用情况有所区别。通常制作块状的海绵、纤维棉主要是进行切割、黏附工艺，通称造绵；而碎料状的公仔绵、羽绒则直接在软包内部填充就可以了，统称充绵（绒）。

（一）造绵加工工艺

1. 造绵材料及工具设备

如图2-34所示座包，由海绵和纤维棉包覆。

海绵主要包覆在木架外侧，通常在木架不重要的部位，如沙发两侧、背部，仅需要一层12mm左右厚度的海绵；而重要部位如座位、靠背、扶手上表面等处则需要软质材料有足够的厚度来保证沙发的舒适性，这时候需要多层、多种密度的海绵叠加在一起，如图2-35所示。

纤维棉则黏附在最外层海绵外侧，主要是由于纤维棉有足够的柔软度，从而保证沙发最外层的真皮、布料包扪后手感好。纤维棉一般蓬松厚度为20mm不等，根据使用部位、沙发档次，纤维棉的密度有0.8，1.5，3kg/m³等多种规格可供选择。

造绵大致流程为套划线、切绵、黏附拼接、修整等。

海绵切割除了采用海绵裁切机、手动切割机外，根据情况也使用裁绵刀（形状长条，类似西瓜刀）手工切割。裁切时握刀的姿势要正确，刀和海绵表面一定要垂直。如果不垂直，裁出后海绵的底部就会有偏差，如果是几层海绵叠在一起裁切，偏差就会更大。

2. 造绵加工质量要求

（1）造绵割削顺畅，手触摸无粗糙感。木架上和海绵上都喷上胶水，喷胶要均匀，稍干后将海绵贴到木架上，

图2-31 毛刷修整

图2-32 抓边

图2-33 内袋分区

图2-34 座包

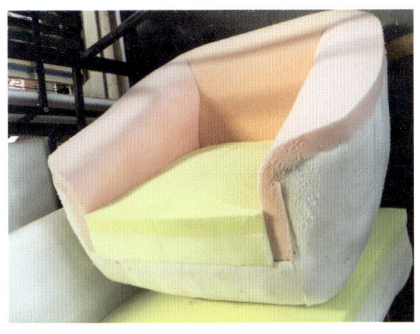
图2-35 沙发木架贴绵

图2-36 办公沙发的座、靠海绵

表面无胶水、无硬结。

（2）粘绵要牢固，要绷紧，无脱胶、裂口现象，接位处拼接牢固、平顺。

（3）贴绵到位。架侧、座后、座底等部位要包边20～30mm，无少贴绵、贴错绵；座底加固绵要粘牢、贴正中。

（4）坐垫、单人位由座前贴入50～60mm，两位、三位应分中线贴匀，有特殊要求的以工艺说明为准。

（5）直线部位（如拼顶、座前线、座后线、下拼线等）要求成直线，误差允许±2.5mm。

（6）拼接饱满、弯位顺畅，不能有塌陷和凹凸不平，坐感一致，各部位对角线长度偏差≤10mm。

（7）同一件产品相同部位高度一致，相对偏差≤8mm。

一些软体家具，比如办公沙发，海绵采用异型加工。如图2-36所示，为办公沙发的靠背、座包海绵的简易结构效果。可见靠背背部、上部海绵效果和座面上部、前部海绵效果，它们都是采用数控设备一次加工成型的。

（二）充绵（绒）加工质量要求

（1）内袋干净，无线头、多余杂物。

（2）内袋车缝无松线，无浮线。

（3）填充用料无杂质，无异物，无异常气味。

（4）填充用料分量符合开发要求，质量偏差只允许±10g。

（5）填充均匀，角位饱满。

第五节　海绵材料质检

海绵作为沙发、床垫制作的主要原材料，其质量至关重要。下面就其质量鉴别知识加以介绍，部分内容详见《QB/T 4370—2012家具用软质阻燃聚氨酯泡沫塑料》。

一、海绵优劣

（一）劣质海绵特点

海绵的生产工艺决定了海绵的密度，有的海绵厂由于技术上受限制，生产的海绵密度达不到35kg/m³，为了达到海绵密度高的假象,便在海绵内添加石粉。

海绵的硬度也是检验海绵承托性的标准之一。有的商家由于硬度不能达标,在海绵中掺杂石粉,或使用粘贴碎海绵,造成海绵硬度高的假象。劣质海绵生产时,将廉价的石粉掺杂在海绵里,大大降低了海绵的成本,使得在价格上较之"纯海绵"有明显优势。

(二)掺假海绵的危害性

1. 掺假海绵破坏产品特性,降低产品使用寿命

在海绵中添加无机填料,成本虽下降了,但海绵的回弹性、柔韧性、拉伸强度、撕裂强度、压缩性能变差,影响使用海绵产品的质量,降低了产品的寿命,甚至引发可怕的索赔事件。

2. 引发消费恐慌,最终使品牌毁于一旦

在海绵内添加石粉等无机填料,不仅让海绵缺乏必要的弹性和柔韧性,而且没用多久就塌陷弹不起来,不但不能带来享受,带给消费者的更多是痛苦,引起消费者内心恐慌,最终使应用海绵产品的品牌毁于一旦。

二、海绵鉴别与保存

(一)如何区别掺假海绵与纯海绵

1. 看

海绵的工艺主要分为两大类:发泡和聚氨酯泡沫。掺杂使假的海绵发泡不均匀,孔眼大,而纯海绵孔眼小且均匀。

2. 摸

在挑选海绵时,主要以它的触感和弹性为判定的首要因素。纯海绵手感细腻顺滑,富有延展性;掺杂使假的海绵手感粗糙,弹性极差。

3. 挤压、揉搓

看似同等厚度和硬度的海绵,掺杂使假的海绵一经挤压就容易出现凹陷,坐下去久久弹不起来;纯海绵支撑力度强,长久挤压也很难变形。

将海绵对折,互相搓一搓,如果没搓几下就掉海绵屑,就是劣质海绵了。

4. 价格

掺杂使假海绵成本大大降低,价格低廉;纯海绵应用聚氨酯材料,较之掺假海绵,价格偏高。

5. 寿命

掺假海绵因为添加石粉,用手抠容易出现滑落情况;纯海绵则经久耐用。

6. 拉伸强度对比

外观同样的海绵,拉得越长说明拉伸强度越好。比如加石粉海绵拉长到25mm就被拉断了,而同样长度的纯海绵可被拉伸至58mm。

7. 断裂强度对比

外观同样的海绵,纯海绵可负荷力度强。掺假海绵负荷4.9N就断了,负荷力度弱,而纯海绵可负荷7.9N,长时间才断裂。

（二）海绵纯度检测

1. 电炉燃烧法

纯海绵主要是由碳、氢、氧、氮等元素构成，高分子有机化合物在高温下燃烧变成水汽、二氧化碳等气体挥发，只剩下微量杂质。拿两块相似的海绵，放入高温炉，温度加热到800℃，一段时间后，拿出燃烧后的海绵，如果一块只剩下微量杂质，说明是纯海绵，而另一块却剩有很多固体残渣，滴入盐酸，有大量气体冒出，经检测这就是日常所见的石粉中的主要成分——碳酸钙。

2. 醇解海绵法

纯海绵经醇解后几乎全部被溶解，没有沉淀。而加了石粉的海绵醇解后，只有部分被分解为液体，石粉则变成固体沉淀下来，滴入钙指示剂后，溶液呈酒红色，再滴入EDTA标准溶液时，呈蓝色。

（三）海绵保存

由于海绵怕光，包括商店里的灯光都有可能损坏它的质量，所以在储存时尽量避光。个别选购时，如果是挂成一排的陈列方式，不要拿第一个，而应拿后面的，因为后面的海绵受光照比前面的少。

第六节　工学结合项目　软质材料黏附与填充

主题：软质材料黏附与填充　　学时数：10

一、实训意义

依据软质材料的作用、地位，可类比人的"肌体"——内有骨骼（木框架）、外有装束（皮革布），起到很好的衔接内外的作用。通过实训加以认识、体会这些知识。

二、实训内容

（1）设备的安全、规范操作练习；
（2）认识软质材料种类、材性及使用情况，并实训软质材料零部件黏附与填充。

三、实训材料与设备

（1）设备与工具：海绵裁切机、手动海绵裁切机、公仔绵开松混料填充机械、海绵割刀、喷（胶）枪、钉枪、卷尺、角尺等；
（2）材料：各型号海绵、公仔绵、纤维棉、乳胶海绵、羽绒、胶条等。

四、实训目标

（1）会依照海绵模合理划线、正确开料，确保高出材率；
（2）能说出主要材料的性能、规格、一般使用搭配规律；能独立对一件木质座框架进行海绵黏附；
（3）懂安全操作知识，能合理规避风险；会安全操作工具设备制作海绵零部件。

五、实训场地与组织

软体家具制作车间，以组为单位（每组5～6人），由授课教师进行讲解和示范，并安排学员进行实际操作、生产。

六、实训纪律与注意事项

（1）遵守实训时间，不迟到，不早退；
（2）实训过程中应按指导教师和实训指导书要求去做，认真完成每项任务；
（3）缺课1/4以上者，无实训成绩。

七、考核办法与标准

题目	考核环节	考核点	建议考核方式	评价标准			
				优	良	及格	不及格
软质材料黏附与填充	职业技能	（1）能够说明海绵、软包在沙发中的作用 （2）熟悉海绵等软质材料种类及材料规格、使用场合等（抽选2种材料） （3）能够对座包海绵零部件加工设备、工具进行安全、规范操作；有自我防护意识 （4）能够说明座包海绵零部件的工艺流程及技术要求 （5）能依照海绵模板（图纸）合理划线、正确开料，确保高出材率 （6）做出的座框部件，依照国家标准有关检测项目检测，达到"C"等 （7）做出的座框部件，依照国家标准有关检测项目，达到"A"等 （8）设计、制作等环节有创造性	实训考勤、个人与小组答辩、实训成果集体评议相结合	9个考核点合格	7个考核点合格	6个考核点合格	4个考核点合格
	综合素质	（1）实训环节团队精神好，合作意识强 （2）答辩内容翔实，语言流畅，条理清晰					

💡 复习与思考

（1）海绵、软包在沙发中的作用是什么？

（2）软质家具常用的泡沫塑料分哪几种？各有什么理化性能？

（3）说说泡沫塑料的材料规格、使用场合。

（4）泡沫塑料主要加工设备、工具有哪些？

（5）软质材料零部件的加工工艺是什么？

（6）海绵质检、鉴别知识有哪些要点？

第三章 座包外套部件及其制作

学习目标

1 掌握真皮的组织构造特点，懂得沙发真皮特点。
2 熟悉国产、进口牛皮的有关信息点。
3 了解其他皮革、布料知识及其在家具中的应用。
4 了解缝纫针、线知识及缝纫机的调试、运转。
5 调试并正确操作缝纫机，动作协调，线条平顺。
6 懂得缝线知识，掌握座包外套综合缝制工艺。
7 懂得皮革材料商检知识。

随着生活水平的提高，人们不但要求沙发坐感舒适，更要求造型别致、材料新颖。沙发属于坐、卧类家具，与人体的接触紧密，使用频繁，这就对沙发表面材料提出了要求。一方面沙发材料要具有良好的触感、质感，满足人体对舒适、健康的需求；另一方面作为居家主要家具之一的沙发，其表面材料的形态、颜色、图案与室内环境的协调搭配同样重要。

沙发表面的皮、革或布等面料是沙发结构的最外层，它们可以称为软体家具的"装束"——首先赋予沙发整体的视觉效果，通过色彩、材质（皮、革、布等）、肌理给人以先声夺人的效果；其次，仔细观察，可以看到这种面料整体的分割特点、块面连接线的不同效果组合以及装饰件、细节标识等局部效果。

沙发面料及其构成很好地强化了家具气质，或粗犷厚实，或婉约细腻。要达到特有的艺术效果，离不开对面料品种、厚度、部位（真皮）、纹理等的合理选择，离不开块面组合、线型、针样等的科学表达。

本章将重点介绍座包的外套材料、缝纫材料、缝纫设备及其安全操作，介绍外套缝纫工艺知识，介绍皮革鉴别、理化性能要求等商检知识。参看学习小视频"沙发坐垫缝合"。

沙发坐垫缝合

最后，实训环节安排了"沙发座包外套部件及其制作"任务及考核参考标准。读者可以创造条件，设计制作一款座包，在实践中提高职业技能及综合素养。建议和第一章座框、第二章海绵软包配套，加工出一件完整的座包，这样前三章内容基本涵盖了沙发的主要知识点。"座框""座包""座包外套"三个生产项目既有典型性，内容又简单，可操作性强，便于建立对沙发整体材料、结构、设备、工艺等知识的认知。

第一节　真皮

真皮材料如图3-1所示，沙发使用的真皮厚度一般分三类：0.8~1.1mm的为薄型，1.2~1.4mm的为中型，1.8mm以上的为厚型。当然，也有厚度为2.5~5mm的为特厚型，市面上常用皮厚为1~2mm的革，特别柔软，便于造型，沙发的款式可以多变。中厚型的革柔软适中，较为牢固耐用，适合做一般款式的沙发，也特别适用于靠背、扶手有雕花的高档沙发以及办公用沙发。厚型和特厚型的沙发革适合做粗放型沙发，也适合大客厅用的沙发。参看学习小视频讲解"小乔新装"沙发。

图3-1　真皮及局部放大　　　　　　　　　　小乔新装（上）　小乔新装（下）

一、牛皮概况

1. 国产牛皮产地情况

我国的牛有黄牛、水牛、牦牛、犏牛及野牛等。

（1）黄牛皮。黄牛皮分布在全国各地，占牛皮总数的75%~80%。黄牛的品种及其分布地方品种：秦川牛、南阳牛、鲁西牛、晋南牛、延边牛、复州牛、蒙古牛、哈萨克牛、盘江牛、西藏牛等。

（2）水牛皮。世界水牛有河流型和沼泽型之分，我国水牛皮基本上是沼泽型，相对来说比较适宜于制作轻革产品。

（3）牦牛皮。我国牦牛占世界牦牛的90%以上，牦牛皮占我国牛皮总数的7%左右，主要分布在青海、西藏、四川、甘肃、新疆和云南。牦牛皮生产季节对品质影响大致与黄牛皮相同。

2. 国产黄牛皮信息

（1）黄牛皮生长季节对品质的影响，见表3-1。

表3-1　黄牛皮生长季节对品质的影响

季节	品质
秋皮（立秋至立冬）	四季中品质最好时期，早秋比晚秋皮品质稍逊
冬皮（立冬至惊蛰）	早冬皮比晚冬皮好，与晚秋皮相近似
春皮（惊蛰至立夏）	早春皮与晚冬皮相近似，总体品质不如冬皮
夏皮（小满至立秋）	是四季中品质最差的时期，尤以初夏皮为甚

（2）黄牛性别、兽龄对皮品质的影响，见表3-2。

表3-2 黄牛性别、兽龄对皮品质的影响

类别	品质
犊牛皮	不到1岁小牛皮，小而轻（盐湿皮质量在8kg以下）。毛细而密，纤维束细，乳头层相对较厚；粒面平滑细致，天然伤残少，等级高，适于制造优质鞋服装、包袋革等
阉牛皮	幼龄（一般3个月时）阉割的牛皮，皮纤维组织紧密，厚薄均匀，张幅相对较大，较厚，品质相对较好
小母牛皮	未产犊的母牛皮，其粒面相对细致，厚薄比较均匀，纤维紧密与犊皮相似，品质好
母牛皮	已产过犊的母牛皮，特别产过多次犊的母牛皮其腹部纤维松弛、纤维织松散，弹性差，生长期缺陷也增多
公牛皮	种牛皮是未阉割的公牛皮，相对于阉过的牛皮其粒面较粗糙、纤维束变粗而编织松弛，皮张较大，较厚，但厚薄不匀，头肩部比臀部还厚颈部皱褶深大
奶牛皮	专供产乳的牛称奶牛，也可归为黄牛类（奶水牛除外），其纤维编织松弛，张幅大，较薄，特别国外引进的更是，宜制作服装革等
胎牛皮	未出生或早产的牛皮，小而轻、薄（盐湿皮重4kg以下）纤维较细强度较差，粒面细致，但胎纹多，难以展开，宜作小型皮具革，小型皮具革

（3）毛皮动物取皮时间。取皮时间取决于毛皮的成熟程度，人工饲养的毛皮兽，取皮时间大体都在秋冬季。为了及时掌握取皮时间，屠宰前应进行毛皮成熟鉴定，其标志是：毛绒丰满，针毛直立，被毛灵活有光泽，尾毛蓬松；当动物转动身体时，颈部和躯体部位出现一条条"裂缝"，当吹开被毛时，能见到粉红色或白色皮肤。试宰剥皮观察皮板，如躯干皮板已变白、尾部皮板略发青，即可屠宰剥皮。取皮过早或过晚都会影响毛皮质量，降低利用价值和等级收入。

二、真皮有关术语简介

为便于本节内容的学习，先简单介绍有关术语。

1. 毛皮皮板视觉质量术语

（1）丰满（饱满、结实）。皮板纤维饱满而分散，皮板软而不空虚。

（2）柔软（软和）。皮板纤维松散，不僵硬。

（3）平展（平坦、平整）。皮板无鼓包、凹凸、折痕，全皮基本舒展平坦。

（4）洁净（清洁、干净）。皮板上无颜色上及卫生上的沾污，无附着灰土、杂物。

（5）细致（细腻）。皮板肉面纤维绒头细而且细密。

（6）厚薄均匀（厚度均匀）。皮板各部位的厚度差别不大，合乎规定或适于使用要求。

（7）延展性（延伸性、可塑性）。皮板能随外力而容易改变其形状，除去外力仍能保持改变后的形状。

（8）弹性（弹力）。皮板随外力改变其形状，除去外力以后，能恢复原来的形状。

（9）掉材（缺材、掉料）。生产毛皮加工不慎，将皮撕破而未缝上，皮形不完整。

2. 毛皮毛被观感质量术语

（1）光泽（光亮、亮光）。毛被的毛光滑，能较好地反光而发亮。

（2）洁白（发白）。毛被洁净而且颜色白度好。

（3）洁净（干净、清洁）。毛被无尘土、油腻、杂物、污迹、异味等。

(4)松散灵活。抖动毛被或用嘴吹气,毛绒容易分散摇动,灵活自如。

(5)平整。毛被平顺整齐,无局部高低、杂乱、歪斜、弯面、牙毛、齐毛等缺陷。

(6)花穗毛(花弯)。例如滩羊的毛被,毛成束结成穗状弯曲的毛型花式。

(7)毛峰齐全。针毛整齐,毛峰不弯不缺。

(8)弹性。毛被的毛能保持松散、灵活、整齐美观的外形,用手压毛被放手后也较容易恢复原来外形。

(9)颜色均匀不花。染色的毛被,各部位颜色达到一定标准,不应有过于明显的花斑或不同。

三、真皮构造

真皮属于天然材料,有良好的透气性和舒适性,具有超强的吸热和散热功能,适用于各种环境温度,具有冬暖夏凉的特性。真皮制成的沙发表面光滑、鲜亮、柔软、丰满,有弹性和质感,而且具有较强的耐磨性。

(一)真皮的分类

由于制造工艺不同,牛皮革可依据加工后的特征来分类。

1. 牛皮全粒面革

牛皮全粒面革是一种最接近于天然原皮特性的产品,制革中不破坏粒面层,毛孔清晰可见,表面不经涂饰或采用轻涂饰工艺以达到既有自然美观的外观,又有舒适透气的卫生性能,手感丰满有弹性,属优质的牛皮革,一般适合制作高档沙发、皮具,如图3-2所示。

2. 牛皮修饰面革

有的牛皮因伤残缺陷较多而不能得到很好的利用,制革中就将其粒面层经磨面,再用专用的化工材料加以重涂饰,涂层上烫压各种动物皮毛孔花纹或其他风格,达到美观、实用的效果,强度基本不变,但手感、弹性略差于牛皮全粒面革,一般适合制作中档沙发、皮具。如图3-3所示轻修、重修效果。

3. 牛皮贴膜革

牛皮贴膜革以牛皮二层革、三层革作底基,经过磨面,在其表面贴上(或喷涂)一层带有皮革花纹的高分子膜。这样处理后的皮革外观上与牛皮修饰面革相差无几,但透气性略差,一般适合制作低档沙发、皮鞋、运动鞋等,如图3-4所示。如果表面贴的膜较厚或带有布基的

图3-2 牛皮全粒面革

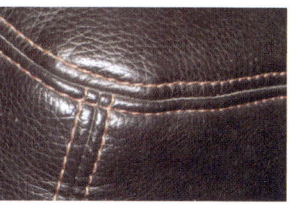

(a)   (b)

图3-3 牛皮修饰面革
(a)轻修 (b)重修

图3-4 牛皮贴膜革

膜，尽管它的手感类似于牛皮革，但它的外观及性能更接近合成革。

4. 牛皮（二层）绒面革

牛皮革纤维层经磨面呈现细绒毛状，表面除染色外，一般不经任何涂饰加工，因此，它的透气性很好，但穿在外面容易吸灰，不耐油污。

5. 牛皮漆革

牛皮革表面涂有镜面般光滑、高反射度的漆层。

6. 牛皮油浸革

牛皮革经过特殊加工后，油性强，使用耐久性好，表面油性足，一般革身柔软，不轻易使用鞋油擦。

7. 牛皮双色效应革

牛皮革表层涂饰时有两种不同颜色涂层，一般浅色在下层，深色在表层，粗看为一种颜色，弯折后可见第二种颜色，穿着使用后，表层颜色会慢慢被磨掉，逐渐露出浅色部分，产生双色效应，富有自然感觉。

8. 再生皮

再生皮是将真皮下脚料粉碎后加入树脂、胶料等化工材料加工而成。再生皮的特点是皮面边缘整齐，利用率高，价格便宜，但皮身较厚，强度较差。再生皮横切面纤维组织均匀一致，可辨认出混合纤维物的凝固效果。如图3-5所示为用再生皮做成的沙发椅扶手局部。

图3-5 再生皮

图3-6 黄牛

（二）真皮（黄牛皮）的组织构造特征

1. 真皮结构

真皮分牛皮（包括犊皮）、猪皮、羊皮等，目前软体家具面料使用的真皮主要是牛皮。牛皮主要分为黄牛皮、水牛皮、牦牛皮三种，如图3-6所示为黄牛。

各种牛的真皮都可分为表皮层、真皮层和皮下组织层三层。下面以黄牛皮为例介绍真皮结构特征，如图3-7和图3-8所示。

黄牛皮的表皮层较薄，约占皮板厚度的0.5%~1.0%。表皮层又可分为两层，上层为角质层，下层为生发层。表皮层在浸灰脱毛过程中是要被除去的，如除不净会妨碍化学药品的透入而影响产品质量。

真皮层是制革的主要部分，这一层主要由胶原纤维组成。此外，还有弹性纤维和非纤维组织，这些非纤维组织是毛根、毛囊、肌肉、脂腺、汗腺、血管等。黄牛皮的真皮层又可分为两层，上层为乳头层粒面层，下层为网状层，两层以针毛毛囊底部的水平面为分界线。非纤维成分大多分布在乳头层中，网状层则基本上由胶原纤维组成，真皮层厚度占全皮厚90%左右。

皮下组织层由编织疏松、多呈水平方向的胶原纤维、弹性纤维和脂肪细胞组成，其厚度占全皮厚的10%左右。

2. 黄牛皮的组织构造特点

（1）毛孔小，乳突低。黄牛皮上有两种毛，即针毛和绒毛，它们在皮面均单根呈不规则的点状排列。针毛毛根长入皮内较深，绒毛毛根长入皮内较浅。黄牛皮的针毛较水牛及牦牛针毛细，其直径为0.03~0.04mm，绒毛更细，直径为0.01~0.015mm；针毛数仅占针绒毛总数的10%左右，而绒毛数则占针绒毛总数的90%左右。黄牛皮乳突平缓，部位之间略有差异，但都低于猪皮、水牛皮及

第三章 座包外套部件及其制作

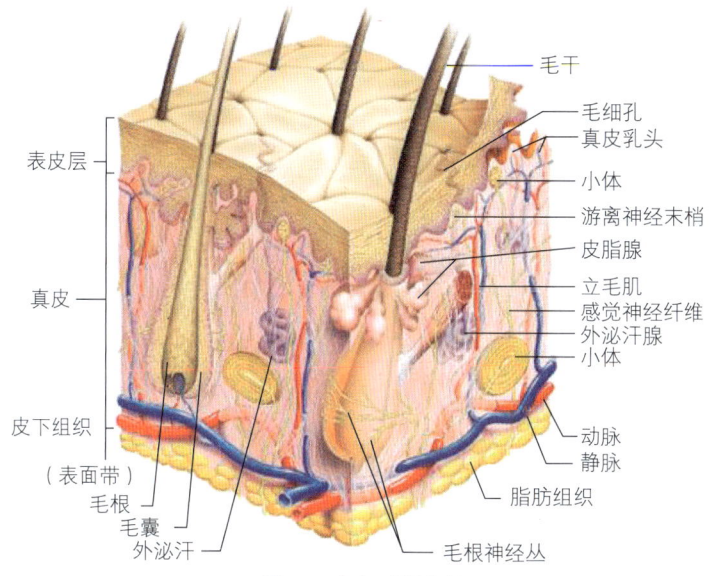

图3-7 真皮显微结构剖视

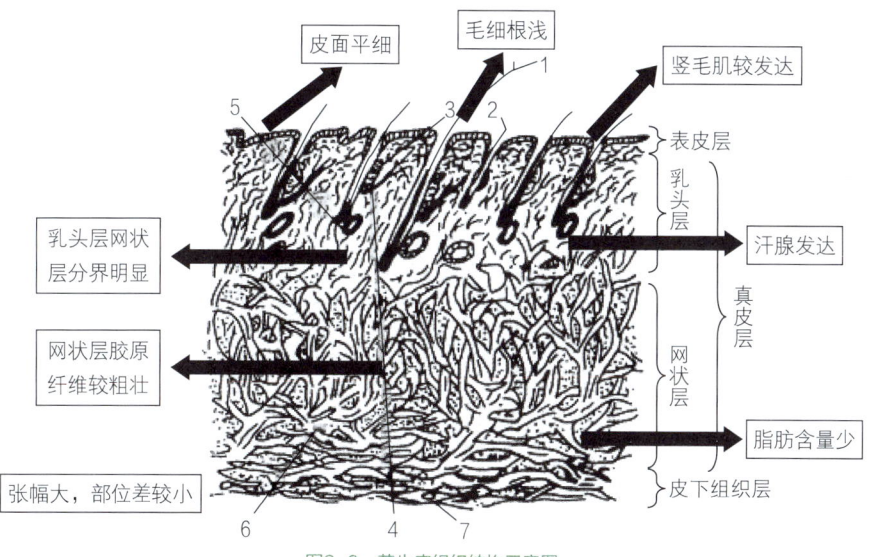

图3-8 黄牛皮组织结构示意图

1—针毛毛干 2—绒毛毛干 3—脂腺 4—竖毛肌 5—汗腺 6—胶原纤维束 7—脂肪细胞

牦牛皮。由于黄牛皮针毛、绒毛较细，毛孔小，且粒面乳突平缓，所以黄牛皮粒面平细。

（2）胶原纤维、真皮层中乳头层和网状层厚度不同

①胶原纤维：胶原纤维是构成真皮的主要纤维，这种纤维是由原胶原分子形成的，它在水中长时间熬煮后生成皮胶，故称胶原纤维。胶原纤维不分支，但能形成纤维束（见图3-9）。胶原纤维束在真皮中穿插交织，较粗的胶原纤维束有时分成几股较细的纤维束，这些较细的纤维束又和其他的纤维束合并成另一较粗的纤维束，如此不断地分而又合，合而又分，纵横交错编织成一种特殊的立体网络结构，构成真皮层，如图3-9所示。这种结构的编织类型和紧密度与动物的种类、性别、兽龄、饲养条件、身体的部位有关。即使同一部位，处于不同层次，编织也不完全一样。胶原纤维占真皮蛋白质纤维质量的95%～98%。判断胶原纤维束编织状况的一个指标是"织角"（见图3-10），即原料皮纵切面上大多数胶原纤维束的主要走向与

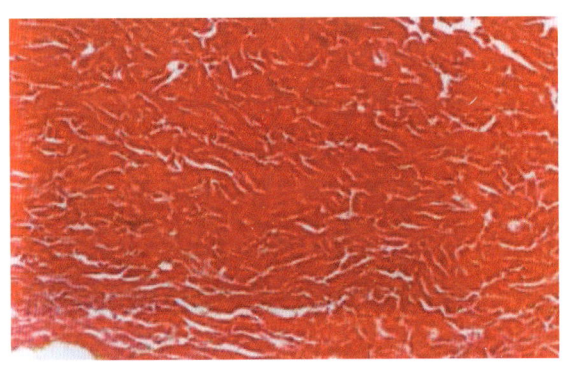

图3-9 红色束状物为胶原纤维束

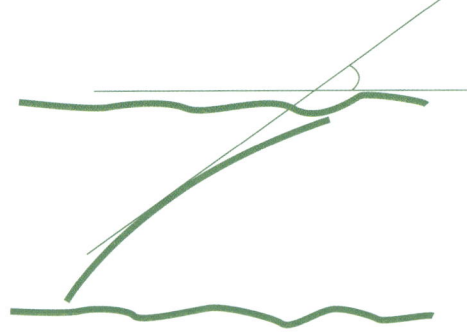

图3-10 胶原纤维束织角

皮面所成夹角。凡是胶原纤维编织紧密而织角较高的原料皮,其物理力学性能较好,织角太高或太低都会使原料皮的强度降低。纤维束的走向呈水平态、低织角,多数纤维束所成角度为20°,中等织角,多数纤维束所成角度为45°,高织角,多数纤维束所成角度为70°~90°。

②乳头层和网状层:就同一部位而言,乳头层上层即脂腺以上的胶原纤维细小而编织致密,多呈水平走向;乳头层下层,即脂腺以下,网状层以上,胶原纤维逐渐变粗,编织不及脂腺以上紧密,织角逐渐增大;至网状层胶原纤维最粗壮,织角最高,但编织不及乳头层紧密;网状层下层胶原纤维又变细,编织较疏松,织角较低(见图3-11),乳头层胶原纤维编织虽较紧密,但由于该层含有大量毛囊、汗腺、脂腺等非纤维成分,胶原纤维数量相对来说较少,且细小,而网状层则基本由粗壮的胶原纤维编织而成,非纤维成分极少,故强度较高。

也就是说,成革强度的高低,主要是由网状层决定的,网状层厚度占真皮层厚度的比例大,成革强度高;网状层占的比例小,强度则较低。黄牛皮三个主要部位网状层厚度占真皮层厚度的百分比分别为臀部和腹部占70%~80%,颈部占80%~85%,可见,黄牛皮网状层占真皮层厚度的比例大(见表3-3),故成革强度较高。

图3-11 几种织角效果

表3-3 真皮层及乳头层、网状层厚度

样品编号 名称	部位	真皮层厚度/mm	乳头层厚度/mm	网状层厚度/mm	乳头层厚度占真皮层厚度的百分比/%	网状层厚度占真皮层厚度的百分比/%
1号	颈部	3.95	0.73	3.22	18.5	81.5
	臀部	4.89	1.42	3.47	29.0	71.0
	腹部	2.14	0.61	1.53	28.5	71.5
2号	颈部	4.75	0.89	3.86	18.7	81.3
	臀部	5.10	1.12	3.98	22.0	78.0
	腹部	2.46	0.51	1.95	20.7	79.3

(3)张幅较大,部位差较小。黄牛皮的张幅较大,达3~4m^2,皮干重2.0~9.0kg,所以面积得革率较高。部位之间的差别包括厚度差别和胶原纤维编织紧密度的差别两个方面。观察结果表明,在臀、腹、颈三个部位中,以臀部为最厚,腹部最薄,颈部厚度介于两者之间,臀部厚度为腹部厚度的2倍左右,见图3-12和表3-4。在胶原纤维编织紧密度的差别方面,以臀部最为紧密,织角较高,腹部疏松些,织角较低,颈部介于两者之间。尽管三个部位之间在厚度及胶原纤维编织紧密度方面均有差别,但差别不大,生产控制得当,还可降低其差别。

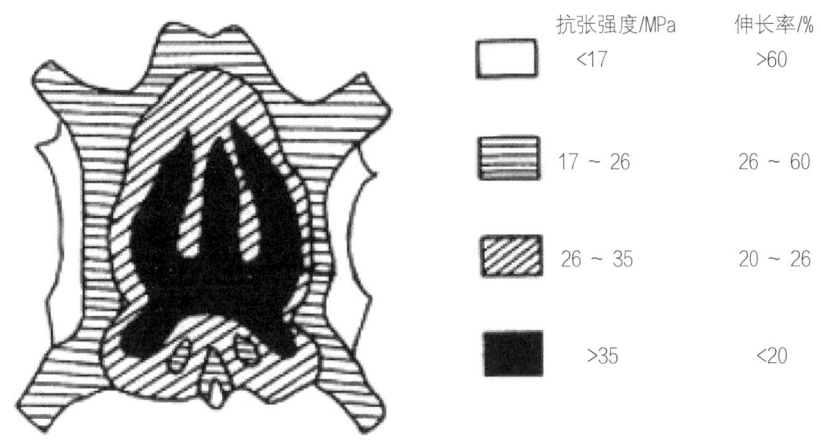

图3-12 黄牛犊革不同部位的抗张强度和伸长率

表3-4 皮张厚度和部位差

样品编号\名称	臀部厚度/mm	腹部厚度/mm	颈部厚度/mm	部位差(臀:腹)
1号	5.39	2.32	4.54	2.32
2号	5.36	2.60	4.94	2.06

(4)脂肪组织不发达。黄牛皮中无游离脂肪细胞,仅有脂腺存在。但因黄牛皮中90%以上是绒毛的脂腺,长入皮内不深,一般在粒面下0.25~0.40mm处,在生产过程中较易除去。

(5)汗腺发达。黄牛皮针、绒毛均有汗腺,粗大呈弯管状的汗腺分泌部基本上都长在乳头层与网状层交界处,从而削弱了两层的联系,故易产生松面现象。

(6)弹性纤维主要分布在乳头层和皮下组织层中,网状层中极少。特别是毛囊、脂腺、汗腺、肌肉、血管周围更为密集,弹性纤维的除去与否,对成革柔软度没有多大影响,但对脱毛有一定影响。

总体而言,黄牛皮表皮较薄,毛孔小,乳突平缓,所以粒面细致。乳头层较薄,占真皮层厚度15%~30%。乳头层上层胶原纤维束细小,编织紧密;乳头层下层由于毛囊、汗腺较多,而且汗腺分泌部发达,占据了不少空间,使乳头层下层纤维分布密度下降,如果制革加工不当,容易松面。网状层较厚,胶原纤维束粗壮,编织紧密,抗张强度较大。黄牛皮张幅大,部位差较小,所以面积得革率较高。黄牛皮脂腺不发达,游离脂肪细胞极少,乳头层中弹性纤维较发达。

（三）水牛皮、牦牛皮

1. 水牛皮

水牛皮张幅很大，可达3～5m²，特别厚，但厚薄不均匀，在背脊处有一条脊沟，其厚度约与腹部相同，其位置从尾根开始，延伸到背脊线的一半处，宽约240mm。背沟从肉面把皮分为左右两片鞍形皮，影响剖层革的利用。水牛皮脂腺不发达，无游离脂肪细胞分布，肌肉组织也不发达。

2. 牦牛皮

牦牛皮表皮较薄，毛孔小而密，乳突稍高于黄牛皮，粒面较细。

牦牛皮上的有些毛根的毛球呈钩形，给脱毛带来困难。牦牛皮真皮层内的游离脂肪细胞极少，但针毛和绒毛的脂腺较发达而且数量相当多，因此在制革生产中应考虑脱脂。牦牛皮张幅略小于黄牛皮，其部位差主要是颈部与腹胁部的差别，颈部厚而紧密，腹胁部薄而疏松。

表3-5是常用原料皮厚度部位差比较。

表3-5　常用原料皮厚度部位差

原料皮	最厚处为最薄处厚度的倍数
黄牛皮	2.0～2.4（臀部为腹部的倍数）
水牛皮	2.2～2.9（颈部为腹部的倍数）
牦牛皮	2.0～2.8（颈部为腹胁部的倍数）
猪皮	3.1～5.0（臀部为腹部的倍数）

第二节　其他软体家具外套材料

一、人造革

人造革也叫仿皮，是聚氯乙烯人造革（PVC）、聚氨酯人造革（PU）等人造材料，它是一类外观、手感似皮革并可代替其使用的塑料制品。通常以纺织布坯和无纺布坯为底基，在其上涂布或贴覆一层树脂混合物，然后加热使之塑化，并经滚压压平或压花，即得产品，如图3-13所示。参看学习小视频木纹PVC和纳帕皮。

人造革种类较多，近似于天然皮革，具有柔软、耐磨、一定的防水性等特点，几乎可以在任何使用皮革的场合出现，用于制作日用品及工业用品。家具中，人造革主要用于沙发表面。

纳帕皮

图3-13　人造革（正反面）

超纤皮，全称是"超细纤维PU合成皮革"，是人造革的一种。超纤皮已经有几十年的历史，但是在我国还是在21世纪初才火热起来。超纤皮属于合成革中的一种新的高档皮革，如图3-14所示。

图3-14　超纤皮（正反面）

天然皮革（真皮）由许多粗细不等的胶原纤维"编织"而成，分成粒面层和网状层两层，粒面层由极细的胶原纤维编织而成，网状层由较粗的胶原纤维编织而成。而超纤皮表面层是采用聚氨酯薄膜层，底基层是采用超细纤维无纺布含浸PU树脂后双面研磨而成，其结构和天然皮革的网状层相似，因而超纤皮与天然皮革有着相近的结构和性能。

和天然皮革相比，超纤皮主要有着以下特点：

（1）耐折牢度可以和天然皮革相媲美。常温弯曲达到20万次无裂纹、低温（-20℃）弯曲3万次无裂纹。

（2）伸长率比较适中，与真皮相似。其撕裂强度和剥离强度比皮好，更重要的是超纤革的皮面利用率比真皮高。

（3）密度比真皮小。

（4）不含八大重金属、偶氮等对人体有害的物质。

二、织物

布艺材料图案、肌理丰富，材质柔软，工艺多样，为家具增加了别样的表情。参看小视频讲解"蝶恋花"沙发。

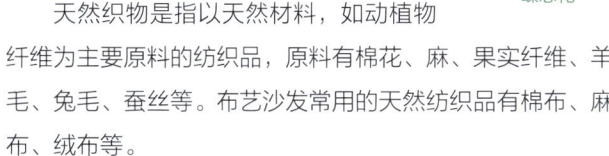

蝶恋花

1. 天然织物

天然织物是指以天然材料，如动植物纤维为主要原料的纺织品，原料有棉花、麻、果实纤维、羊毛、兔毛、蚕丝等。布艺沙发常用的天然纺织品有棉布、麻布、绒布等。

棉布是一种中等质量的平纹织物，特点是透气、吸湿、耐虫蛀，触感平滑。织棉具有浮雕效果，凸起的图案一般为彩色或具有与基底不同的纹理。

麻布是以亚麻、苎麻、黄麻、剑麻、蕉麻等各种麻类织物纤维制成的粗纤维、高强度的织物，手感厚实，有揉搓感。根据单位长度的重量来分，为140~400g/m，常用的为230~400g/m。此材料的优点为吸湿、导热、透气，适用于时尚的欧式现代沙发。

绒布是对用各类棉、毛、绒织成的织物的泛称。其特点是防皱耐磨，触感柔软，富有弹性，有一定的保暖性。布艺沙发常用的有平绒、丝绒、天鹅绒、长毛绒和复合绒。天鹅绒是一种短、厚、卷的珠花绒织物，用棉花、人造丝、亚麻或蚕丝制造。长毛绒是用安哥拉山羊毛或蚕丝制成的珠花绒织物，其绒毛比丝绒毛长。复合绒采用粘贴方式复合不同的材料，以解决经纬方向的密度差异。

2. 人造织物

人造织物是利用高分子化合物及原料制作而成的纺织品，比如植绒布料。植绒是利用电荷同性相斥、异性相吸的物理特性，使绒毛带上负电荷，呈垂直状加速飞升到异电位的需要植绒的物体表面，由于被植物体涂有胶黏剂，绒毛就被垂直粘在被植物体上，因此静电植绒是利用电荷的自然特性产生的一种材料生产工艺，如图3-15所示。

图3-15　植绒布料沙发

植绒布立体感强，颜色鲜艳，手感柔和，无毒无味，保温防潮，不脱绒，耐摩擦，广泛用于家具、窗帘等。

3. 混合织物

混合织物是化学纤维与其他棉、麻、丝、毛等天然纤维混合织成的产品，以涤棉为例，吸收了棉、麻、丝、毛和化纤各自的优点，如图3-16所示。

三、其他材料

1. 水晶

水晶能与钻石相媲美，它象征着富足与尊贵，一直以色泽清澈纯美，高贵奢华而著称于世，通过精心设计和加工将水晶运用在沙发上，让其产品变得无比的奢华和尊贵。

2. 拉链

YKK拉链是国际知名品牌拉链，它采用软质塑胶材料，使用起来进退轻便，耐磨性很强，使用寿命是其他普通拉链的几倍，如图3-17和图3-18所示。3#拉链、5#拉链与隐形拉链用于靠包与抱枕，拆装活动拉链主要用于沙发的活动靠包及活动座包，便于拆卸。

3. 其他配件材料

泡钉、股条、扣、棉绳等，这些材料往往用于沙发制品的外部，主要起装饰作用，如图3-19至图3-21所示，股条裹在皮布里面，勾勒形体轮廓。

图3-19　装饰泡钉

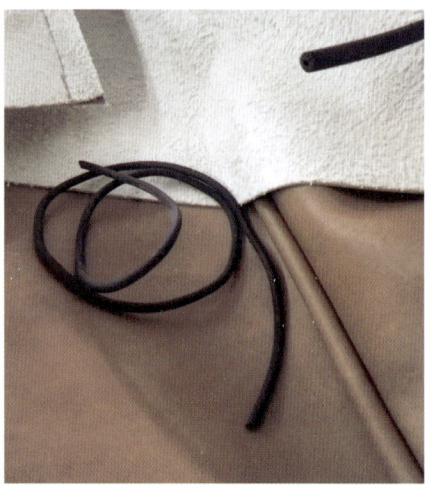

图3-20　股条

图3-21　扣

图3-16　混合布料

图3-17　3#和5#塑胶拉链

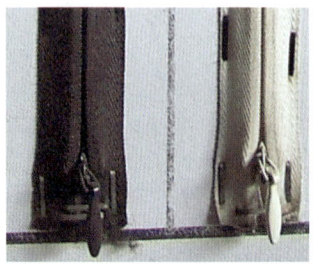

图3-18　隐形塑胶拉链

第三节 缝纫材料与缝纫设备

一、缝纫线知识

在缝制过程中,缝纫线一直处于高速摩擦状态,为减少断线等问题,缝纫线应具有一定的强度、弹性,应具有良好的柔软性、耐磨性,捻度要适中,条干要均匀。此外,缝制后的服装要经整烫、穿着及洗涤等,故缝纫线还应有较小的缩水率和较好的色牢度。

1. 缝纫机线的构造

仔细观察缝纫机线,由2～3根细的单线捻成。2根单线捻成的线称为"双(子)捻线",3根单线捻成的线称为"三(子)捻线",如图3-22所示为线的断面。

"双捻线"与"三捻线"相比,"三捻线"的缝制品质高,即同样粗细情况下,"三捻线"的耐久性好,而且"双捻线"从不同方向看,粗细不同,有所变化。如平缝锁眼工序等有比较高的工艺要求时,一般使用"三捻线"。

如图3-22所示,"双捻线"从a侧看与从b侧看线的粗细,差异很大,不成圆形,难以表现缝线的质感。

由于单丝的根数不同,"三捻线"的耐久性能好。在一般缝制中,"双捻线"与"三捻线"差异小,但是"三捻线"的加工比较困难,所以更多使用"双捻线"。

2. 机线材料对线强度的影响

缝线由单丝捻线制成,而单丝又是由纤维捻成的,其纤维的长短、左右缝线的风格不同,合成纤维线分为"长纤维线"和"短纤维线"。长纤维线有光泽,柔软,外观也很漂亮,常被使用于女式内衣、厚物的缝制(如:椅子、家具)等;短纤维捻线的次数要比长纤维多,为此耐久性能好,被一般的缝纫工厂普遍使用。

二、缝纫机针知识

1. 机针种类

依照被缝制材料的不同,机针也要进行适当的选择。机针经过特殊加工,可以缝纫出直的、斜的等不同形态的线。

(1)DH针嘴。如图3-23所示DH针嘴,皮料被切割的形状是中等三角形。线迹笔直,缝线微微向上,针孔比较大,适合中等至长距离线迹,适合直线缝纫。DH针嘴用于中等硬度的皮料,如家具、鞋、布、帐篷等。

(2)D针嘴。如图3-24所示D针嘴,切割皮料时有明显的三角形形状。线迹笔直,缝线微微向上,针孔相对较大,适合短至中等距离线迹,适合直线缝纫。D针

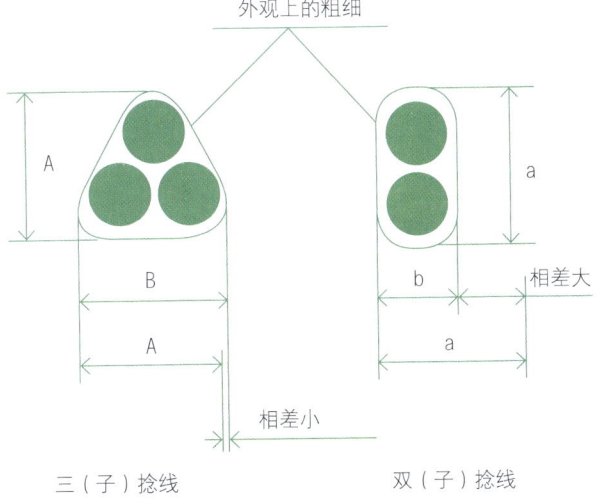

图3-22 缝纫单线的断面

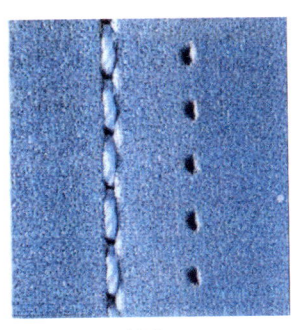

图3-23 DH针嘴

嘴用于坚硬及厚皮料和纸板箱，如皮带、厚皮鞋等。

（3）LR针嘴。如图3-25所示LR针嘴，从缝线形成的方向右进45°穿进皮料，形成微小至中度倾斜的线迹。缝线微微上升，针孔明显，适合短至中等距离线迹。针对软至中等硬度皮革上的装饰线迹，几乎所有皮料都适用。中等硬度的皮料，如袋、鞋、皮制成衣等。

（4）LL针嘴。如图3-26所示LL针嘴，从缝线形成的方向左进45°穿进皮料，形成笔直的线迹。缝线微微上升，针孔被填满，适合短至中等距离线迹。针对生产连续填合效果的笔直线迹，近乎所有皮料都适用，如袋、鞋、汽车座椅等。

   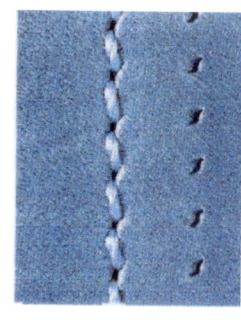  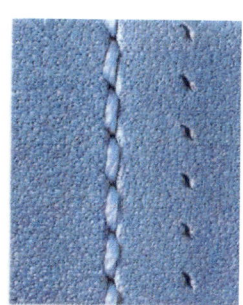

图3-24　D针嘴　　　　　图3-25　LR针嘴　　　　　图3-26　LL针嘴

2. 机针与缝线、面料的关系

针越细，面料上所留下的针眼就越小，对面料的损伤就越小，所以工业缝纫机使用者应根据缝料工艺要求选择相匹配的机针与缝线，以保证缝纫产品的坚固与美观。机针与缝线相匹配的对应参数见表3-6，基本匹配口诀为"粗针、厚料、粗线，纫针、薄料、细线"。

表3-6　机针与缝线相匹配的对应参数

机针号	缝线	缝料
9#	12.5～10（80～100公支）	极薄料，绉纱、乔其纱、透明硬纱等
11#	16.67～12.5（60～80公支）	薄料，绸、印花布、府绸等
14#	20～16.67（50～60公支）	普通料，棉、毛织物等
16#	33.33～20（30～50公支）	中厚料，毛织物、防雨布、薄皮革等

三、缝纫机设备及术语

1. 厚料机

用单直机针、摆梭勾张、上下复合送料，设有回缝装置，操作简便，如图3-27和表3-7所示。用途：适用于制鞋、沙发、集装袋、安全带、帐篷、皮革等极厚料物品缝制。

表3-7　厚料机技术参数

缝纫速度/(针/min)	800
机头外型/(mm)	736×270×590
针距长度/mm	0~13
电动机功率/kW	0.55
压脚提升高度/mm	手控14　脚控22
操作空间/(mm)	200×420
针杆行程/mm	58

2. 同步送料皮革厚料平缝机

厚料平缝机（见图3-28）技术参数见表3-8，是专为缝制皮革、箱包、帆布等各种厚料制品开发的新一代厚料缝纫机，操作空间大、压脚提升高、容线量大，粗细线均能缝制。本机采用连杆挑张，KRT132型超大进口旋梭勾线，形成锁式线迹，配置倒缝功能、上下同步送料机构和压脚交替提升机构。上下轴用螺旋伞齿轮传动，圆盘式针距调节机构，线迹平整，缝厚能力强，层缝性能好，倒顺缝针距误差小，机器噪声低，维护保养方便，工作效率高，是目前国内外较理想的厚料缝制设备。

表3-8　厚料平缝机技术参数

缝纫速度/(针/min)	≤1200
针距长度/mm	0~13
压脚提升/mm	20
操作空间(mm)	210×400
电动机功率/kW	0.550
机头净重/kg	80
针杆行程/mm	47

四、缝纫机使用

要缝纫出合格的产品，必须掌握工业缝纫机的正确使用方法。工业缝纫机的正确使用方法由缝纫前的准备、启动、运转和停车四部分组成。

（a）

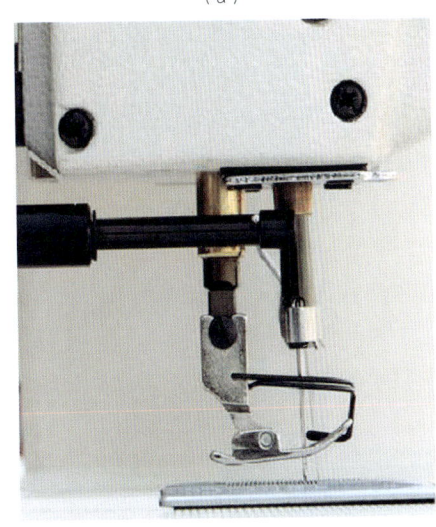

（b）

图3-27　厚料机
（a）厚料机设备图　（b）缝纫机机头局部

座包外套缝纫工艺

图3-28　厚料平缝机

1. 缝纫前的准备

缝纫前的准备是指缝纫机启动运转以前所做的班前预备工作，它是缝纫机使用的首要环节。缝纫前的准备一般包括以下几部分内容。

（1）班前润滑。注油润滑，用小油壶对缝纫机各运转部位、各部位油孔直接加油的润滑方法。具体步骤如下：向工业缝纫机机壳各油孔、运转摩擦部位各油孔、离合器电动机油孔处滴注润滑油，每次2~3滴。有些工业缝纫机面板后侧装有半自动油箱，可卸下油塞螺钉，将油箱内滴满润滑油。

（2）选择相匹配的机针与缝线。缝纫前，使用者应根据缝料工艺要求选择相匹配的机针与缝线，以保证缝纫产品的坚固与美观。见前面针、线知识。

（3）上线的穿引。缝纫前，准确地按照上线穿引程序把上线穿好是很重要的，特别是夹线板、挑线杆、机针部位的先后顺序必须穿对，否则不能缝纫。正确的穿引程序如图3-29所示，把线轴放在线架盘上，并拉长线轴上的线头，绕过线架过线钩，将线头穿入过线板小孔2，并夹入夹线板3，上线1穿过三眼线钩4、右进线钩5，夹入夹线器穿过三眼线钩6中，并经过挑线簧7和缓线调节钩8。上线穿入挑线杆线孔9，经过左进线钩10、针杆套筒线钩11、针杆线钩12，穿入机针孔13。穿入针孔的上线必须留有100mm左右长的线头，以用于吊引下线。上线必须从机针长槽一侧穿入针孔，若从相反一侧穿入，则不能缝纫。

（4）穿下线。如图3-30所示，用右手拉住下线线头1，将线段拉入梭缝2内，并把下线拉入梭皮3下，从梭皮小爪凹口4处引出，拉出的线头应长50mm左右。

（5）机针的安装。把新机针捏入左手拇指与食指中间，沿针杆轴向把机针插入针杆与针夹中间的孔内。

（6）准备必需的工具。主要有100,150,200mm螺丝刀各1把，油壶1个，锥子1个，手钳1把，剪刀1把。螺丝刀用于安装机针、擦洗润滑和拆装各种螺丝；剪刀、锥子用于剪断多余线头、修理返工缝料；油壶用于润滑；手钳用于调整皮带长度或更换皮带钩等。

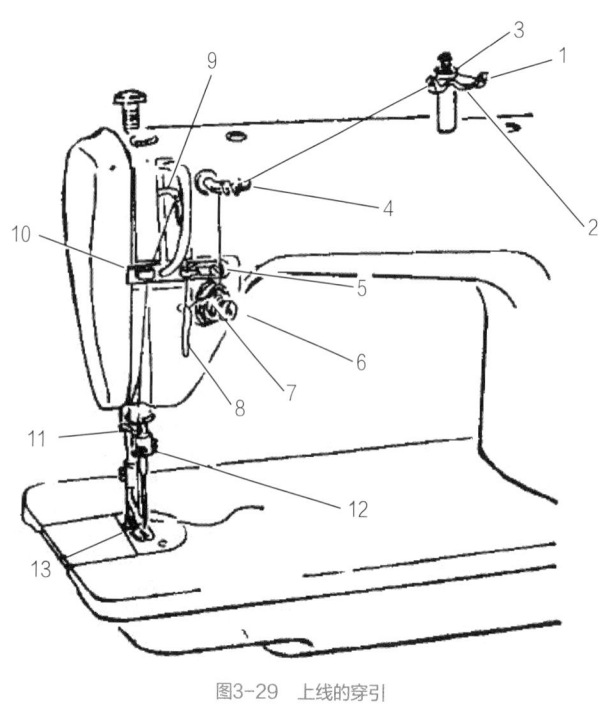

图3-29 上线的穿引

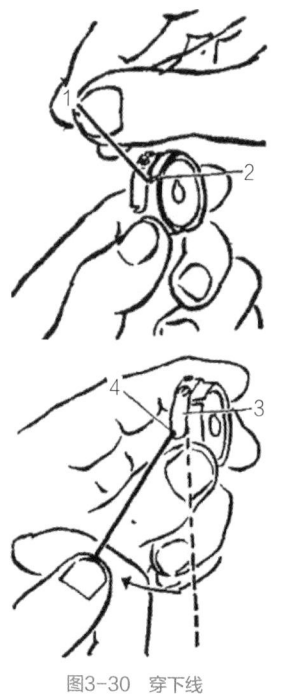

图3-30 穿下线

2. 启动

初学者应做蹬空机练习，以锻炼脚的控制能力。

3. 运转

工业缝纫机启动开车后的缓慢运行是低速运转，适合初学者采用。适于低速运转的情况还有很多，主要有以下几种：

（1）缝制较厚缝料时，一般应低速运转。因为较厚缝料会给工业缝纫机以较大负荷，为保证工业缝纫机安全运行，必须降低运转速度。

（2）缝制中厚缝料拐点处时，也应低速运转。由于中厚缝料拐弯处针距较小，低速运转可保证针距一致。

（3）缝纫过程中缝料由薄向厚过渡时应低速运转。因为缝料由薄转厚会给缝纫机送料机构带来不同的负荷和不同的技术要求，针距在缝料薄处较大，在厚处必然变小，这种由薄到厚的差距只能依靠降低运转速度来解决。

（4）缝纫过程中缝线回行、多行并列或图案式交叉时，应低速运转。这是因为上述工艺要求较严格，低速运转容易保证缝纫质量。

（5）两块或几块缝料接茬时应低速运转。因为缝料接茬处布层较厚，如果不降低工业缝纫机运转速度，机针在缝料接茬处会发生较大倾斜，容易造成断针故障。

（6）缝纫过程快结束时应低速运转。这样便于缝纫结束时的制动停车，可减少离合器电动机摩擦片的无功磨损。

（7）缝制较短距离缝料时应低速运转。有些缝料较小，线迹较短，一般长度在10~20mm，遇到这种缝料必须缓慢地进行缝制。因为低速运转会减少工业缝纫机的转动惯性，节约缝纫时间，也能降低离合器电动机摩擦片的制动摩擦消耗。

（8）工业缝纫机倒向送料时要低速运转。缝料需要"打倒针"、倒向送料的部位，一般都在其打头处或接茬处，采用低速运转容易掌握，便于使用者扳动倒送杆体扳手，完成倒向送料过程。从送料机构来看，由顺向送料转换为倒向送料，也要求降低运转速度，以克服送料机构顺向送料的惯性，保证零件完好。

（9）缝制人造革、皮包、皮箱、沙发外套必须低速运转。因为上述材料表面发涩，与压脚底面的摩擦系数较大，但即使低速运转，也应在人造革、皮革表面涂上一层润滑油，以利于缝料顺向运行。

（10）缝制需要加衬、缝鼻儿、缝环儿的缝料要低速运转。因为上述工艺增加了缝制的复杂程度，完成上述工艺不仅是单纯缝制，还要增加其他操作，如加衬布、拿鼻儿等。因此，只有低速运转，才能完成较复杂的缝纫过程。

第四节　座包外套部件结构及其制作

座包外套是座框木架、海绵部件的外包面，外套通常是真皮、人造革、布料等单一面料，也可以是相互之间组合而成。

沙发表面皮革全部为真皮材料的称为"全真皮沙发"；座面、靠背面、扶手面等肢体接触部位为真皮，而诸如外围等部位为人造革，这样的真皮、人造革混搭材料的沙发，称为"半皮沙发"，"半皮沙发"组合可有效降低成本，又不影响产品视觉效果和坐感、触感；全部为人造革的称为"人造革沙发"。

参看讲解小视频"棕褐色双人位软床"。

棕褐色双人位软床

一、缝线基础

1. 线型

暗线、单线、双线等是缝纫后的视觉效果。暗线指将两块面料缝纫好后,缝口线在内部,外部看不到缝线;单线是指在暗线的基础上,只在暗线某一侧加缝一次;双线则是在暗线的基础上,暗线两侧加缝一次。单线和双线又被称为明线,如图3-31所示。

暗线、单线、双线等线型的选择,可根据沙发表面的艺术效果确定,也可看力学效果。车单线时,缝边偏向一侧,强化了缝口线强度,因此单线多用于座面外围,此处受力复杂多样、使用频率也高。如图3-32所示沙发凳是三种线型的综合运用。

2. 缝线规律

缝纫时,线的股数、针距、边距等参数的规律如下:

(1)一般的沙发面料都采用6股线,通常压面线的针距为3mm宽的边距、6mm的长距。

(2)真皮面料要根据真皮料的厚度来决定用线的粗度,厚度在0.8~1.6mm的皮料均用6股丝线,压线针距为3mm×6mm或5mm×6mm;1.6~2.0mm的皮料一般暗线用6股丝线,明线用9股丝线,压线针距为5mm×8mm;2.0mm以上厚度的皮料,明线都用12股线或18股空心线,针距分别为5mm×8mm或6mm×10mm。

(a)

(b)

图3-31 面料常见缝纫线型
(a)暗线、单线效果 (b)双线效果

二、座包外套综合缝制工艺

座包外套缝制工艺参看动画"沙发坐垫缝合"。

沙发坐垫缝合

(一)缝纫前准备

缝制前,要先根据情况对面料进行锁边、铲皮等处理。

1. 锁边

布料由于是由线纵、横编织而成,用久了边部会脱线、散口。因此,通常先要用锁边机把每块布料锁边,然后才把布料相互之间缝纫起来,而真皮、人造革面料则不用锁边,如图3-33和图3-34所示。

锁边时,扶稳布边进料,不要左右摆动,锁完边后剪

图3-32 线型的综合运用

去锁边线头。

2. 铲皮

对于一些厚皮（1mm以上），由于缝纫时要缝边，边角部厚皮重合到一起将会影响视觉效果。因此，有时要把缝边处的真皮背部先用铲皮机铲薄（用粗糙的砂轮砂掉内侧的部分真皮纤维）。铲皮时，双手拿皮均匀用力由左至右送进铲皮刀中，沿皮料边将皮料铲到规定的厚度和宽度。铲皮皮边宽度视不同要求而定，一般为25mm，如图3-35所示。

根据皮料厚度，比如稍薄的皮料，只铲削皮的角部，角部通常是四块皮交叉缝合的部位，情况较为复杂。

图3-33 布料缝纫（缝纫前已经锁边）

图3-34 皮料缝纫（皮料无须锁边）

（a）

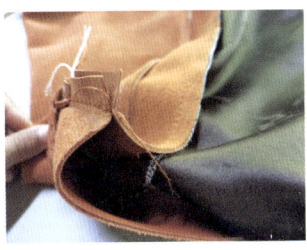
（b）

（c）

图3-35 铲皮机及边角部铲皮
（a）铲皮机 （b）边部铲皮 （c）角部铲皮

（二）综合缝纫工艺

1. 拼接

双手将两块皮或布合并在一起，右脚踏开关，双手配合压送缝制件。

缝制时注意右手稍稍用力拉住靠车牙的皮（布）料，左手稍稍用力向前推上面的皮（布）料，保证上、下皮（布）料吃进速度一致。缝制时应随时检查对齐剪口（定位口），以免错位。剪口是在每块皮、布外边缘剪出的三角形缺口。两块相邻皮布边，其上的剪口是沿着缝线对应（重合）的，可以看到约12mm宽度的缝边，以及边部用于对位的剪口。面料间缝边及对位剪口如图3-36所示。

缝纫时，两块面料之间边部要重叠，一般在面料的外围有12mm左右的缝纫用宽度（缝边），厚皮的缝边要加大到20mm左右。

2. 压线

（1）压线工艺。对于接头处的较厚缝口要切角，以免影响正面视觉效果，如图3-37所示。注意不要将车线头剪断，以免脱线。两手配合将皮分开整平，右脚

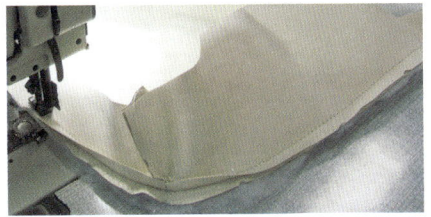
图3-36 面料间缝边及对位剪口

图3-37 接头处的缝口要切角

踩摆开关，眼睛瞄准中线，均匀推送压线。左手拿皮，右手抽线，双手配合拎起面底线打结。

（2）厚皮处理。厚皮缝纫后边部要弯曲的，缝纫好后，还要在内侧缝边上较密集地剪开（剪至距离缝线1mm），以免真皮套包正面发生变形。

3. 拉布或橡筋

如图3-38所示是缝制好纤维棉、橡筋的软包套。缝橡筋或拉布条时，左手拿皮（布），右手带紧橡筋或布条，适当用力拉送缝合橡筋或布条。

橡筋、拉布的作用都是把座包固定到木架上。如图3-39所示，可见两个正反放置的座包，其中右侧的座包可以清楚地看到，座包海绵由座包外套包裹，座包外套的橡筋已经穿过海绵，同时，橡筋右侧白色的软质布料是一大块拉布。

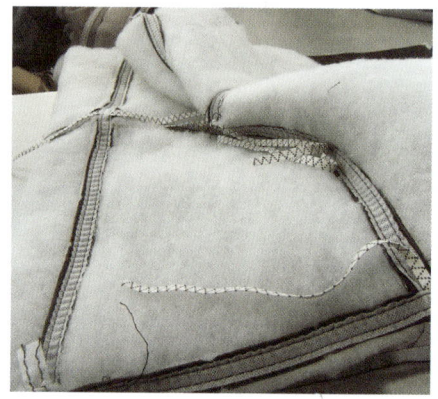

图3-38　缝制好纤维棉、橡筋的软包套

在座包外套固定到沙发框架上时，白色拉布的活动端钉固到内部的木框架上，将座包定位、塑形；橡筋的作用也是这样，橡筋的一头（固定端）位于座包正面真皮块面缝纫线交点处的内侧，橡筋另一头（活动端）拉紧、钉固到木架上后，座包就会显出凹凸分割的立体效果。如图3-39所示是座包通过橡筋、拉布固定到沙发木架上的内部效果。

拉布条一般用棉布、化纤无纺布。棉布是普通布料，一般用作靠背后面、底座下面的遮盖布，起防尘作用，同时也作为面料拉手布、塞头布及其里衬布，以满足制作工艺与质量的要求。

4. 股条

股条，也叫骨条，是在缝纫皮布面料时，插入缝制的圆线条。股条的结构分皮布料、胶条两部分，即内部是3~10mm粗细的胶条，外部是包裹外露的皮布，如图3-40所示。

图3-39　用橡筋、拉布固定座包到沙发内架

股条和拉布都是缝纫两块皮布时加缝进去的。不同之处是，股条嵌缝在两块皮布料中间，即A+B+A的结构，B为股条，外露"拉布"则是缝在皮布背面的边侧，即A+A+B的结构，B为拉布。

股条一般位于沙发外侧与内侧的转折缝线处，或是沙发座包周边边线处。股条的线条颀长，使得沙发边线挺括，强化了产品的形态流畅性。股条的皮布色彩与两侧的皮布色彩可以一样，也可以不同，色彩、材质的多样性选

图3-40　股条缝制

择也为装饰提供了便利。有时胶条可以抽出,只留下皮(布)边,起装饰作用。由于皮(布)边内部是空的,和有胶条做内衬的股条相比,一个松软,一个紧致,展示不同的艺术效果。有时也有一种类似股条的装饰线(可称为股线),其使用部位主要是沙发外侧与内侧的转折缝线处,尤其是欧式沙发,外侧皮布块面、内侧皮布块面在此收口。此时,较粗的股线是以胶粘的方式压在收口线的上方,遮盖收口位置的皮布边。有时,遮盖作用是用泡钉完成,同时兼起装饰作用。

股条缝制时,把握面对面、边对边的原则。其基本操作步骤是装饰边包裹股条,插入两块待缝皮布中间,贴边,同步缝制。

5. 褶绵

褶绵是多层材料同步缝制的面部装饰工艺。褶绵通常为三层结构,表层皮(布)面料、中层绵料、底层普通纺织布。绵料一般为海绵片材,厚度一般为3~12mm。

有时皮(布)料与海绵之间会增加一层薄的纤维棉,即结构为皮布面料+纤维棉+海绵+底布四层。因为纤维棉柔软,将纤维棉缝在紧贴真皮内侧、海绵外,可以保证沙发使用时视觉饱满、触觉柔和。

褶绵属于软体家具的面部装饰工艺。褶绵线条的深浅、疏密、直曲以及褶绵线型的针距、色泽等,都要结合整体设计方案统筹。如图3-41所示为褶绵工艺及棕床垫上的应用效果。

6. 起皱

柔软性是软质材料的基本属性,软则易皱。起皱是软体家具的基本工艺,就是沙发表面的皮布自然褶皱,烘托沙发舒展、闲适的感觉,如图3-42所示。

沙发表面的皮布块面很多,因此,起皱多见于靠背内

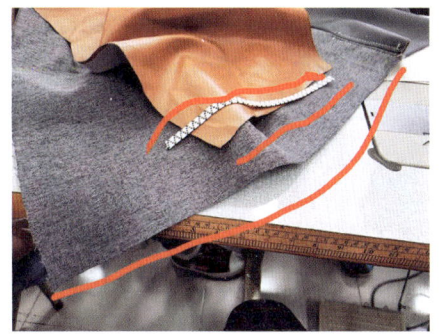

(a)

(b)

(c)

图3-42 起皱工艺及案例
(a)起皱工艺长短边 (b)起皱工艺 (c)案例

图3-41 褶绵工艺及棕床垫上的应用效果

侧、扶手等部位。偶尔也有见沙发通体起皱的，不饰雕琢，自成意境。

图3-42（a）显示了起皱工艺的材料，短边皮布A、长边皮布B和过渡橡筋三种材料，A和B长度不同，橡筋略短于A。缝纫时，橡筋先与B缝纫（拉长至与B边长相同），缝完后，橡筋收缩，皮布B缩至与皮布A长度相同，此时再缝制A和B。图3-42（b）显示了长度B=2A时的起皱效果。

7. 省道

一些曲面型软质物品，比如腰部鼓凸的沙发，上下圆周小、中间大；又如生活中，西服胸围大、腰围小，如图3-43所示。这些曲面立体外周长发生有规律的变化，即大小渐变，采用的是"省道"工艺。大体做法，就是将圆周小的边（如西服的"腰部"）的皮布褶皱起来，圆周大的边（如西服的"胸部"）不褶皱，自然形成了等腰三角形。

图3-43（a）中西服胸部口袋下方各有一条省道。图3-43（b）中，省道反面（即皮布内侧）可以看到V形，它是等腰三角形。V形的底边，即一次省道吃掉的长度。缝纫时，V形的两腰对准，从V形的底部缝向V形的顶点即可，底边即一个褶皱的值。一圈下来，通常要4~6个省道，累积吃掉10cm左右的周长差值。起针距离边部3~5mm，需要倒针；收针位置在V形的顶点，不用倒针，需要留线头系住。

（三）检验

检查工艺褶皱是否均匀对称，检查皮、布件是否有跳线和明显浮线，走线是否平直、顺畅、无线头。

暗线缝口在12~15mm，双面压线相距10mm，接缝居中，单边线距接缝5mm，针距4~6mm。

返工的皮（布）件无针孔。注意皮布颜色是否一致，真仿皮对色无明显色差，布料图案、花形是否对称。

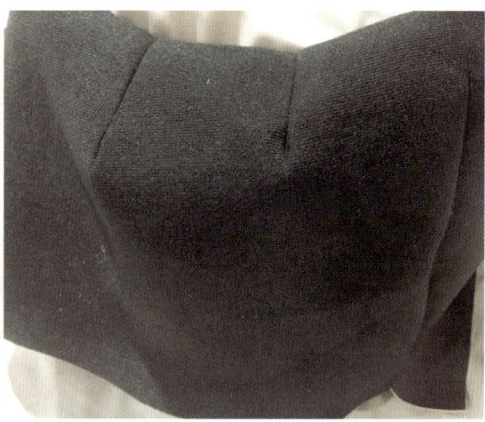

（a）　　　　　　　　　　（b）　　　　　　　　　　（c）

图3-43　省道正反面及案例

（a）西服的省道　（b）省道反面　（c）省道正面

第五节　皮革材料商检

牛皮是天然材料，在理化性能方面有其他皮革布料的不可替代性，因此，它广受消费者青睐。牛皮在牛成长、屠宰以及牛皮自身在加工、保存过程中难免产生缺陷。本节将介绍牛皮品质的鉴定等，部分内容参见《GB/T 16799—2018　家具用皮革》《QB/T 1620—1992　牛皮纤维革》等。

一、牛皮品质的鉴定

鉴定牛皮的品质要在先确定其种类、性别和兽龄的前提下，进行下列四方面的鉴定，综合评价其品质优劣。

1. 皮板品质的鉴定

鉴定张幅、厚度、厚薄均匀度；板质肥瘦，毛色及毛的粗细、长短；防腐保藏情况；是否有异味，有无掉毛或毛根松动、腐烂等。

2. 伤残的鉴定

牛皮常见的伤残种类较多，主要有刀洞、描刀（描刀是指剥皮时用力不慎，造成皮板肉面上有条状伤痕）、破口、掉毛、卧栏伤、虻伤、虱疗、烙印、划刺伤等。上列伤残除划刺伤、虱疗、虻伤在带毛时难以看见以外，其他的都可细心辨认。沙发成革的缺陷名称及其分类简单介绍如下。

（1）直接由原皮带来的。虻伤（虻眼、虻底），虱疗，划刺伤，擦伤，皮皱（头、颈、四肢、腹、两侧皱纹），疮疤，痘疤，剪伤，咬伤，鞭花，击伤，刀洞，描刀（伤），折裂，烙印，皮形不正等。

（2）化学处理及工艺管理不当造成的。松面，管皱，粒面发暗无光，粒面粗皱，裂面，烂面，反栲，霉斑，油霜，盐霜，染色不匀，染黑不黑，色调不正，脱色，铜色，掉浆，散光，裂浆，涂层发黏，涂层耐干、湿擦不良，强度不够，颓软无弹性，僵硬，伸长率过大过小，不起绒，绒粗，露底（露鬃眼），不耐磨，血管痕等。

（3）操作及机械处理不当造成的。刮油伤或去肉伤，剖层伤，削匀伤，磨面伤，推挤伤，熨压斑痕，涂饰粒点，涂饰刷痕及流浆，过厚过薄及厚薄不匀，压折皱纹，革身变形，不平展，水分过大过小等。

（4）保存、运输不善造成的。霉斑，水分过大过小，压折压皱，沾污，淋雨，涂层老化，曝晒等。

3. 面积的测量

目前，牛皮的防腐保藏，正普遍采用盐腌保藏法，而且大多以面积计价出售，这样量面积的方法就显得特别重要了。下面是几种流行的量尺方法。

（1）长×长法。由原料皮的尾部起量至头部刀口位置减20cm为长，通常做法是将原料皮拉直才量，此法与割补法测量面积相比，差15%左右。

（2）长×宽法。一种方法是由原料皮尾部起量至头部刀口位置减20cm为长，尿脐上四指量皮为宽，此法通常与割补法相差10%左右。另一种方法是由原料皮尾部起量至头部刀口位置最顶端为长，尿脐量皮为宽，此法通常与割补法相差20%左右。

（3）割补法（方格读数法）。按原料皮的有效部分量皮，由于盐湿皮不规则，将头部叠起补齐盐湿皮其他不规则处的空格，将整张补齐。

（4）电子量皮机法。通过电子量皮机测量原料皮的面积。

4. 蓝湿革得革率和等级率

由于测量面积的方法不同，对得革的影响很大，目前，供需双方常采用计算蓝湿革得革率和等级率的办法来鉴定牛皮的优劣，这是一项有效的原皮品质控制措施。

二、天然皮革与人造皮革的鉴别

随着社会科学技术的发展，人造革技术也日趋成熟，产品质量大大提高，特是在仿真皮方面，可以以假乱真，在透气性、柔韧性、手感和外观等诸多方面都与天然皮革相似，但有些仿皮价格远远低于天然皮革。

1. 视觉鉴别法

首先应从皮革的花纹、毛孔等方面来辨别，天然皮革的表面可以看到花纹、毛孔（天然的毛孔可以散热和散气）确实存在，并且分布得不均匀，全粒面皮、轻修面皮纹路比较模糊。反面有动物纤维，侧面层次明显可辨，用手指甲刮拭会出现皮革纤维竖起，有起绒的感觉，少量纤维也可掉落下来。全粒面皮、轻修面皮用力绷开可以看到毛孔。

合成革表面纹路清晰，反面能看到织物，侧面无动物纤维，一般表皮无毛孔，但有些有仿皮人造毛孔，会有不明显的毛孔存在，有些花纹也不明显，或者有较规则的人工制造花纹，毛孔也相当一致。仿皮用力绷开无毛孔存在。

2. 手感鉴别法

真皮手感富有弹性，将皮革正面向下弯折90°左右会出现自然褶皱，分别弯折不同部位，产生的折纹粗细多少有明显的不均匀，基本可以认定这是真皮，因为真皮革具有天然性的不均匀的纤维组织构成，因此形成的褶皱纹路表现也有明显的不均匀。而合成革手感像塑料，回复性较差，弯折下去折纹粗细多少都相似。

3. 皮块鉴别法

比较不同的皮块，一件沙发制品一般不是整张皮制作的，这样可以看不同的小皮块，真皮每一小块的纹理相同的可能性很小，人造革每一块纹理都相同。

4. 气味鉴别法

天然皮革具有一股很浓的皮毛味，即使经过处理，味道也较明显。而人造革产品，则有股塑料的味道，比较刺鼻，无皮毛的味道。

5. 燃烧鉴别法

主要是嗅焦臭味和看灰烬状态。天然皮革燃烧时会发出一股毛发、肉类烧焦的气味，烧成的灰烬一般易碎成粉状；而人造革燃烧后火焰也较旺，收缩迅速，并有股很难闻的塑料味道，烧后发黏，冷却后会发硬变成块状。

6. 看价格

真皮和人造革的价格相差很大，如果真皮制品标价很低，要十分小心，认真分辨才是。

7. 看横切面

如图3-44所示是真皮横切面。真皮的表面层会不开，二层牛皮仔细看是黏压上去的。手用力撕皮革，头层牛皮和二层牛皮是撕不开的，一般人造革（PU，PVC）是可以撕开的，高档人造革也撕不开。

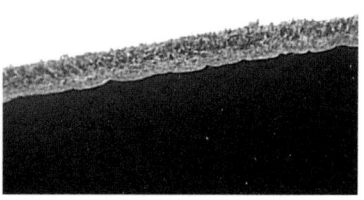

图3-44 真皮横切面及局部放大

第六节　工学结合项目　沙发座包外套部件及其制作

主题：沙发座包外套部件及其制作　　　学时数：20

一、实训意义

沙发表面的皮、革或布等面料是沙发结构的最外层，面料肌理、色调，面料整体的分割特点、块面连接线的不同效果组合以及装饰件、细节标识，赋予沙发整体的视觉效果，它们可以称为软体家具的"装束"。通过实训加以认识、体会这些知识。

二、实训内容

（1）缝纫设备的安全、规范操作练习；
（2）认识座包外套材料，并对沙发座包进行结构设计与制作。

三、实训材料与设备

（1）设备与工具：缝纫机、铲皮机、剪刀、钉枪、卷尺、角尺等；
（2）材料：牛皮、猪皮、羽绒、头层皮、二层皮、PVC人造革、PU人造革、纤维棉、纯棉布料、无纺布料、缝纫线等。

四、实训目标

（1）会依照外套模板合理划线，正确开料，确保高出材率；
（2）能说出主要材料的性能、规格；能独立设计一件沙发座包外套；
（3）懂安全操作知识，能合理规避风险；会安全操作工具设备裁剪、缝纫座包外套。

五、实训场地与组织

家具制作车间，以组为单位（每组7~8人），由授课教师进行讲解和示范，并安排学员进行实际操作、生产。

六、实训纪律与注意事项

（1）遵守实训时间，不迟到，不早退；
（2）实训过程中应按指导教师和实训指导书要求去做，认真完成每项任务；
（3）缺课1/4以上者，无实训成绩。

七、考核办法与标准

题目	考核环节	考核点	建议考核方式	评价标准 优	良	及格	不及格
沙发座包外套部件及其制作	职业技能	（1）能够说明皮革布在沙发中的作用，能说明黄牛皮的组织构造特点	实训考勤、个人与小组答辩、实训成果集体评议相结合	9个考核点合格	7个考核点合格	6个考核点合格	4个考核点合格
		（2）能够说明黄牛性别、兽龄对皮品质的影响等牛皮信息点知识					
		（3）能说明人造革、超纤皮、布料的使用特点					
		（4）能说明缝纫线、机针知识；懂得缝纫机调试、运转知识；会规范操作缝纫加工工具、设备；有自我防护意识					
		（5）能说出缝线知识；懂得外套综合缝制工艺；能依照外套模板（图纸）合理划线，正确裁料，确保高出材率					
		（6）做出的座包部件，依照国家标准有关检测项目检测，达到"C"等					
		（7）做出的座包部件，依照国家标准有关检测项目，达到"A"等					
		（8）设计、制作等环节有创造性					
	综合素质	（1）实训环节团队精神好，合作意识强					
		（2）答辩内容翔实，语言流畅，条理清晰					

复习与思考

（1）真皮分哪些种类？黄牛皮的组织构造特点是什么？

（2）国产、进口牛皮的信息点有哪些？黄牛性别、兽龄对皮的品质有何影响？

（3）人造革、超纤皮有哪些特点？布料在家具中的应用有哪些？

（4）缝纫线、机针有哪些特点？

（5）缝纫机调试涉及哪些内容？运转速度有几种？

（6）缝线知识有哪些？外套综合缝制工艺要考虑哪些因素？

（7）真皮品质的鉴定指哪些方面？谈谈你对真皮分级、鉴别知识的认识。

（8）国家标准有关真皮的理化性能知识涉及哪些内容？

第四章 单人沙发的出模与制作

🎯 学习目标

1. 掌握人机工程学知识在沙发研发中的运用。
2. 会绘制沙发三视图大样。
3. 会出木架模、海绵模、外套模。
4. 懂得沙发真皮套裁知识。
5. 掌握各环节技术要求。
6. 懂得国家标准沙发质检项目要求。

从本章开始,将通过一个完整的单人沙发案例把木框架、海绵等软质材料、外套三方面整合起来,读者将可以学习到完整的沙发样板设计与制作知识。

沙发皮凳

参看学习二维码"沙发皮凳"动画。动画中为双向绷带,实际生产中,以一个方向为绷带,另一短边方向为弓簧搭配为主。

如图4-1所示沙发是本章模板设计与制作的案例。此款沙发从外形上来讲属于新古典系列风格。极简奢华是古典与现代的完美结合物,它的精华来自古典主义,但不是仿古,更不是复古,而是追求卓越的原创品位。它融合了欧洲的古典浪漫情怀,将古典的繁复雕饰简化,并与现代的材质相结合,呈现出古典而简约的新风格。

明确了沙发的设计风格定位、初步的设计理念后,在样板开发时,还要依照人机工程学,对沙发图样进行适合人体结构、生理特点的尺寸、比例、形态、材质及色彩搭配等方面全方位的细节刻画。

沙发的样板结构设计与加工制作过程大体分六个阶段:绘制三视图,制作木框架,贴绵,扪皮,配件安装,检验。

因为图纸外观效果毕竟是二维纸张表达的,三维实物

图4-1 新古典风格单人沙发

做出来难免会有差异。因此在这几个阶段进行的过程中,也要穿插几次样板师、设计师试坐、集体合议环节,就尺度、造型、舒适度、材料选择、线型选择、平面分割等方面进行研讨。

这几个阶段中,第一个阶段涉及人机工程学知识在坐具设计中的应用,它有利于对坐具结构、款式的理解,有利于设计的深化,提高坐具产品的舒适性;第四个

阶段涉及真皮的套裁知识，因为真皮材料在整个沙发的成本构成中占的比重较大，因此本章也将重点介绍真皮知识。

中国国家标准关于沙发的选材、力学强度等方面有一定的要求，本章将摘要介绍有关知识。

最后，实训环节安排了"单人沙发的出模与制作"任务及考核参考标准。读者可以创造条件，进行设计制作，在实践中提高职业技能及综合素养。

第一节　绘制三视图

一、坐具设计人机工程学知识

人机工程学是研究"人—机—环境"系统中人、机、环境三要素之间的关系，并据此为提高人的作业、生活效能、健康问题提供理论与方法的科学。"人—机—环境"系统中，人是核心，主要研究人在"系统"情境中的生理、心理特征（与机器、环境的互动情况）。比如坐具设计，就是对人在就座情境下进行研究，对相关参数，如坐具的尺寸、有关倾斜角度、软硬

虚怀如我（上）　　虚怀如我（下）

度、材料、结构等，加以测定、选择，并给出一定的数据、建议，使得设计师、样板师、打样师有据可查，保证坐具使用时贴身、便利、舒适、安全。简而言之，人机工程学就是通过调查研究，为人谋求一种舒适、安全、高效的生活、工作方式的学科。本节主要介绍人机工程学在坐具设计中的有关知识。参看学习小视频讲解"虚怀如我"沙发。

1. 人体测量点知识在家具尺寸设计中的应用

如图4-2至图4-4和表4-1至表4-3反映了家具、室内设计常用人体测量点及相应尺寸，在设计时要以这些测量点尺寸为依据确定相应的家具尺寸。这些尺寸是裸体测量得到的，要求站姿端正，抬头，挺胸，收腹，上臂垂直地面；坐姿要挺直，小腿垂直地面。

人体尺寸根据消费者年龄、性别、地区、种族、职业而不同，此处图、表的尺寸数据为中国人使用，采纳数据时要根据前面所述情形适当调整尺寸。表4-2为坐姿人体尺寸，表4-3为人体水平尺寸，图4-4为人体水平尺寸测量点。

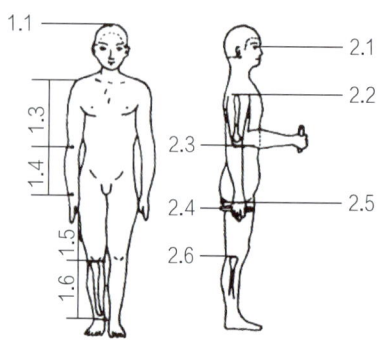

图4-2　立姿人体尺寸测量点

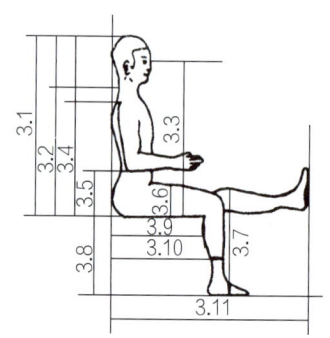

图4-3　坐姿人体尺寸测量点

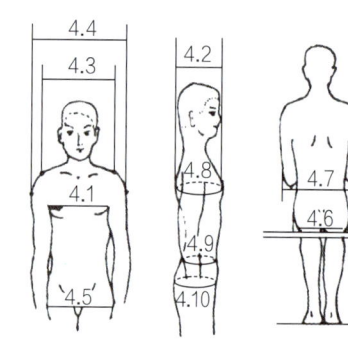

图4-4　人体水平尺寸测量点

表4-1　立姿人体尺寸　　　　　　　　　　　　　　　　　　　　　　　　　　　mm

百分位数	男（18~60岁）							女（18~55岁）						
	1	5	10	50	90	95	99	1	5	10	50	90	95	99
1.1 身高	1543	1583	1604	1678	1754	1775	1814	1449	1484	1503	1570	1640	1659	1697
1.3 上臂长	279	289	294	313	333	338	349	252	262	267	284	303	308	319
1.4 前臂长	206	216	220	237	253	253	268	185	193	198	213	229	234	242
1.5 大腿长	413	428	436	465	496	496	523	387	402	410	438	467	476	494
1.6 小腿长	324	338	344	369	396	396	419	300	313	319	344	370	376	390
2.1 眼高	1436	1474	1495	1568	1643	1664	1705	1337	1371	1388	1454	1522	1541	1579
2.2 肩高	1244	1281	1299	1367	1437	1455	1494	1166	1195	1211	1271	1333	1350	1385
2.3 肘高	925	954	968	1024	1079	1096	1128	873	899	913	960	1009	1023	1050
2.4 手功能高	656	680	693	741	787	801	828	630	650	662	704	746	757	778
2.5 会阴高	701	728	741	790	840	856	887	648	673	686	732	779	792	819
2.6 胫骨点高	394	409	417	444	472	481	498	363	377	384	410	437	444	459

表4-2　坐姿人体尺寸　　　　　　　　　　　　　　　　　　　　　　　　　　　mm

百分位数	男（18~60岁）							女（18~55岁）						
	1	5	10	50	90	95	99	1	5	10	50	90	95	99
3.1 坐高	836	858	870	908	947	958	979	789	890	819	855	891	901	920
3.2 坐姿颈椎点高	599	615	624	657	691	701	719	563	579	587	617	648	657	675
3.3 坐姿眼高	729	749	761	798	836	847	868	678	695	704	739	773	783	803
3.4 坐姿肩高	539	557	566	598	631	641	659	504	518	526	556	585	594	609
3.5 坐姿肘高	214	228	235	263	291	298	312	201	215	223	251	277	284	299
3.6 坐姿大腿高	103	112	116	130	146	151	160	107	113	117	130	146	151	160
3.7 坐姿膝高	441	456	464	493	525	532	549	410	424	431	458	485	493	507
3.8 小腿加足高	372	383	389	413	439	448	463	331	342	350	382	399	405	417
3.9 坐深	407	421	429	457	486	494	510	388	401	408	433	461	469	485
3.10 臀膝距	499	515	524	554	585	595	613	481	495	502	529	561	560	587
3.11 坐姿下肢长	892	921	937	992	1046	1063	1096	826	851	865	912	960	975	1005

表4-3　人体水平尺寸　　　　　　　　　　　　　　　　　　　　　　　　　　　mm

百分位数	男（18~60岁）							女（18~55岁）						
	1	5	10	50	90	95	99	1	5	10	50	90	95	99
4.1 胸宽	242	253	259	280	307	315	331	219	233	239	260	289	299	319
4.2 胸厚	176	186	191	212	237	245	261	159	170	176	199	230	239	260
4.3 肩宽	330	344	351	375	397	403	415	304	320	328	351	371	377	387
4.4 最大肩宽	383	398	405	431	460	469	486	347	363	371	397	428	438	458
4.5 臀宽	273	282	288	306	327	334	346	275	290	296	317	340	346	360
4.6 坐姿臀宽	284	295	300	321	347	355	369	295	310	318	344	374	382	400
4.7 坐姿两肘肩宽	353	371	381	422	473	489	518	326	348	360	404	460	478	509
4.8 胸围	762	791	806	867	944	970	1018	717	745	760	825	919	949	1005
4.9 腰围	620	650	665	735	859	895	960	622	659	680	772	904	950	1025
4.10 臀围	780	805	820	875	948	970	1009	795	824	840	900	975	1000	1044

每一个测量点都有一组尺寸,尺寸从小到大排列,这是因为生活中人的尺寸差异很大,因此,有必要根据每一个测量点进行尺寸统计。

表中,百分位是一个统计概念,它的含义是具有某一人体尺寸和小于该尺寸的人占统计对象总人数的百分数。比如1.1身高测量点对应的百分位内容中,1583mm的意思是总人数中有5%的人的身高低于这个高度。

在家具设计中,由于产品的具体尺寸是唯一的,这样每一个测量点的尺寸只能选择一个。一般的选择规律是"容得下的空间,选择第95百分位;够得着的距离,选择第5百分位"。就是当涉及要包容人体时,选择第95百分位对应的尺寸(较大)。比如座面宽度,依据表中4.6坐姿臀宽测量点,女性第5百分位尺寸为310mm,第95百分位尺寸为382mm,那么要包容下人体,就应该选择382mm这个尺寸。这样能够保证绝大多数人(95%以上的人)就座时舒适。

而涉及人体伸够时,就要选择第5百分位对应的尺寸(较小)。比如座面高度(表中3.8小腿加足高测量点),由于脚要能够伸够到地面才舒适,所以要选择该测量点中女性的第5百分位尺寸342mm,这样,小尺寸的人满足了,大尺寸的人同样能够方便使用。

表中男性、女性尺寸是不同的,这是为了统计的方便。家具一般是男女通用,这样可以把男女尺寸合到一起。当涉及选择第5百分位的较小尺寸时,就选择男、女中第5百分位中较小的那个尺寸;当涉及第95百分位的较大尺寸时,就选择男、女中第95百分位中较大的那个尺寸。

还有一点要强调的是,表中的尺寸是裸体测量得到的,这和日常生活情形有出入。因此,表中查到的尺寸要进行修正。例如,4.6坐姿臀宽测量点,女性第95百分位尺寸为382mm,但是着装后,实际宽度增加,这样,座面设计宽度应该适当增加才能保证坐感舒适,按照普通5mm厚度衣料计(臀部一侧约5mm,臀部两侧共计10mm),这样座面最终确定宽度为382+10=392mm;又如,座面高度对应的3.8小腿加足高测量点,女性第5百分位尺寸为342mm,但是穿鞋后,鞋跟取约25mm,相当于小腿加足高测量点尺寸增加了,因此座面高度应该相应增加(+)25mm;穿了裤子后,厚度约5mm,此时相当于小腿加足高测量点尺寸减少了5mm,因为裤子位于座面上方,这样尺寸要相应减少(-)5mm,这样座面最终确定高度为342+25-5=362mm。

不同测量点对应的尺寸修正情况,根据使用情形有所不同。在设计家具尺寸时,要把各个测量点的尺寸逐个考虑,确定修整值及正负号,才能得到最终尺寸。因此,利用人体测量点百分位表设计家具尺寸时,大体经过如下几个环节:研究设计对象—确定功能尺寸测量点—查找人体尺寸表格—选择百分位—进行尺寸修正—确定相应测量点最终尺寸。

2. 坐具靠背、座面倾斜角度及座高设计

图4-5和图4-6分别是坐具的二视图和侧视图,图4-7是侧视网格定位图,网格为正方形,每格边长100mm×100mm。可以看到A、B、C、D、E五个测量点。F、G、(F+G)是三个角度参数,F是座面倾角(座面与于水平线的夹角),G是靠背与座面夹角,(F+G)是靠背倾角(靠背与于水平线的夹角)。

图4-5和图4-6的效果显然不同,因为使用状态不同,图4-5为作业性坐具,图4-6为休闲性坐具。图4-5和图4-6清楚地说明了两种作业性质下,座高、靠背的不同。

(1)两个角度F、G的大小不同,并且有规律变化。表4-4反映的是坐具设计主要参数。可以看出,随着坐具的功能从作业性质逐渐减弱过渡到休闲性质逐渐增强,伴随了座面倾角F和靠背倾角(F+G)的增加、靠背与座面夹角G的增加,以及座高的降低三个参数的有规律的变化。下面简单解释原因。

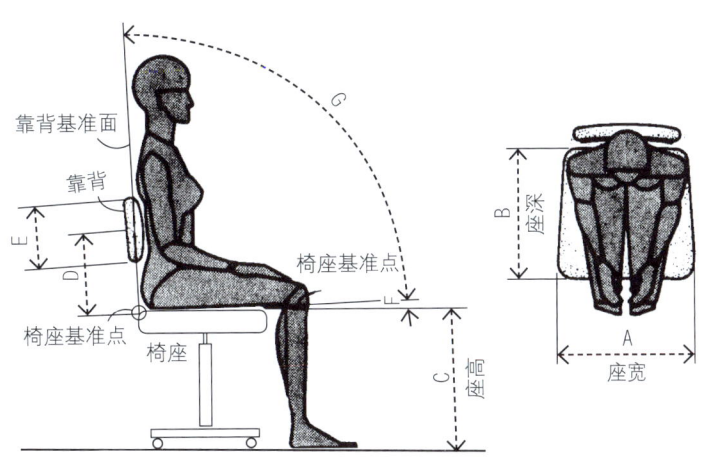

图4-5 作业性坐具二视图

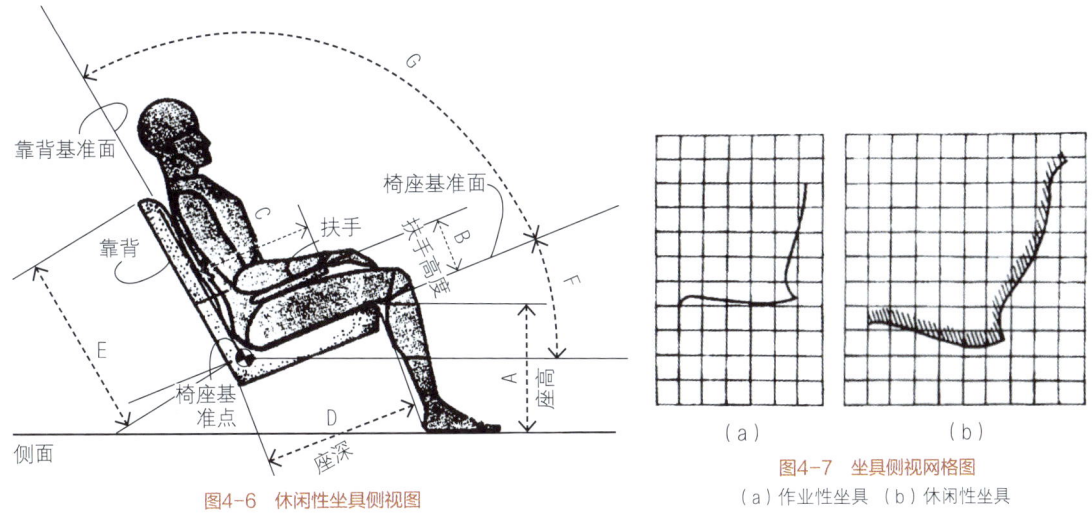

图4-6 休闲性坐具侧视图

图4-7 坐具侧视网格图
(a) 作业性坐具 (b) 休闲性坐具

表4-4 坐具设计主要参数

参数	作业性坐具	休闲性坐具
F（座面倾角）	0°～5°	5°～15°
G（靠背与座面夹角）	95°～105°，小于90°则腹部受压	105°～115°，115°时腰椎接近自然状态，相对是最舒适的状态
座高（距离地面）	依照人体测量点确定	比工作性坐具尺寸降低
座面宽	依照人体测量点确定	依照人体测量点确定
坐具后背高	≥275mm	
后背形式	A靠腰部式、B靠背部式、C靠腰+靠背式、D靠腰+靠背+头托式等	C靠腰+靠背式、D靠腰+靠背+头托式
扶手内侧距	≥460mm（软体家具出于形态比例，通常≥500mm）	
扶手表面高度	200～250mm	

①工作性强的坐具：如办公椅，F、G角都较小。其中，F说明座面后倾，这是为了使人体重心后倾，从而身体不会往前滑动。而且倾角小，是为了保证作业时稳定、便于前后移动上部肢体；G角和F角相协调，也相应较小。

②休闲性强的坐具：如沙发，F、G角都较大，这样人体才能稳当地沉入沙发中去，充分享受舒适的休憩时光。然而，坐具的F、G角最大不超过15°和115°［此时（F+G）为130°］，太大了起身落座不方便。而且，若进一步增强休闲性，则不如直接睡到床上休息。因为，床是最舒适的休息方式，这时躯干和腿的夹角是180°了。本单人沙发为休闲性坐具，结合造型情况，靠背与座面夹角（G）取110°。

（2）座高、靠背的不同

①座高：随着使用状态由作业性向休闲性过渡，座高逐渐降低。那么确定座高尺寸时，测量点表格中3.8小腿加足高测量点尺寸应该用在哪种作业性？该尺寸等于作业性质的座高（比如书写、就餐、办公等作业状态），因为这种情况下，小腿基本垂直地面，符合该测量点尺寸测得的默认前提（坐姿要挺直、小腿垂直地面）。这样，休闲性坐具的座高就要按照3.8小腿加足高测量点尺寸适当减小获得。这是因为，休闲性坐具座高适当低些，有利于肢体的灵活活动，这符合休闲的特点。

②靠背：作业性坐具和休闲性坐具的靠背形式也有所不同。作业性坐具的靠背主要有四种形式，即靠腰部式、靠背部式、靠腰+靠背部式、靠腰+靠背+头托式。而休闲性坐具，由于靠背倾角大，必须要有足够长的后背支撑背部，因此靠背形式一般只有靠腰+靠背式、靠腰+靠背+头托式两种。

3. 座面软硬度的设计

办公椅是作业性坐具，沙发是休闲性坐具，它们的座面都比较柔软，但也要有个度。图4-8反映了座椅上的压力分布。该图的上侧是坐姿臀部的正视图，横坐标为座面水平长度，纵坐标是压力值。基本反映了50～450mm（座面宽度约400mm）不同点处压力的大小。显然，坐骨结节处压力最大，其余部位明显减小。我们也可以把这个尺寸-压力直角坐标系转化为等压线图。图4-9是山峰等高线图，图4-10是坐姿臀部、背部的等压线，图4-11是不同软硬座面的等压线比较图。

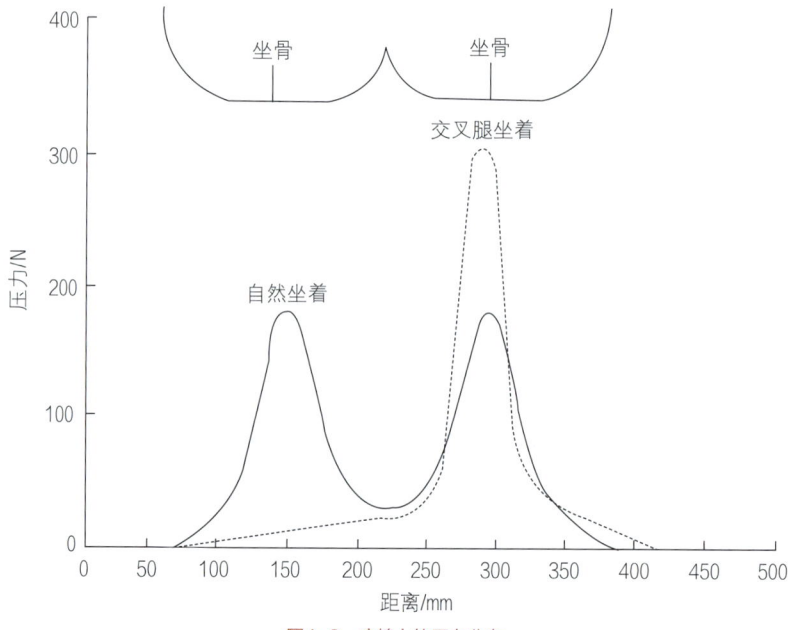

图4-8　座椅上的压力分布

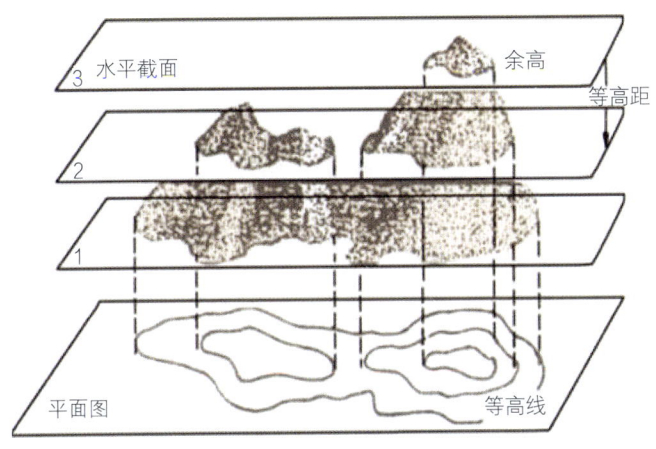

图4-9 山峰等高线

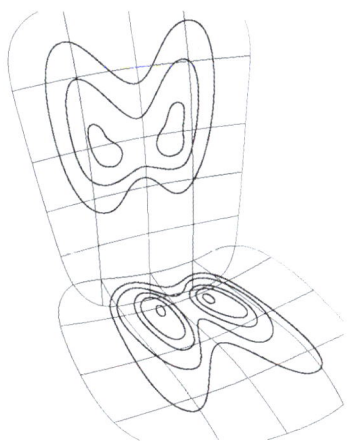

图4-10 坐姿臀部、背部等压线

体压分布图说明座面、靠背的压力分布是不均匀的。由于坐骨结节和肩关节骨头外展，就座、靠背时自然在这些骨头处压力、压强较大；而其他部位多是肌肉，不突出，因此，压力、压强也较小。这种压力分布的不均匀是符合人体骨骼、肌肉的生理特点的。因为，骨骼本身应该承受较大的人体重量，而肌肉由于内部有密集的血管，要疏导养料，压力则相对较小，这是科学的组合形式。另一方面，如果骨骼处受压过大，将导致局部酸痛，坐感舒适性降低，这要求坐垫不能过硬；而如果肌肉压力过大，则会导致血管受压、血液流通受影响，从而于健康不利，这就要求坐垫不能过软。因此，坐垫过软、过硬都不好。软硬程度应该是人坐下后，坐骨结节沉入较多，肌肉部位适当沉入。这样，由于座面各处受压的程度不同，对人体的弹力也会有大小，就符合了骨骼、肌肉的功能性分配特点和要求，从而人体达到最大舒适度，靠背的情况也是如此。

坐垫、靠背包的软硬主要由海绵的厚度、硬度控制。通常，从效果上看，就座在作业椅、沙发上后，海绵的收缩量一般分别控制在20～30mm和30～50mm。这样，能保证良好的体压分布；同时，若身体沉入过多，兜住了身体，则坐姿的稳定性也将受到影响。如图4-12所示为工作椅海绵软包，厚度较沙发小，海绵硬度、质量可以略逊色于沙发。

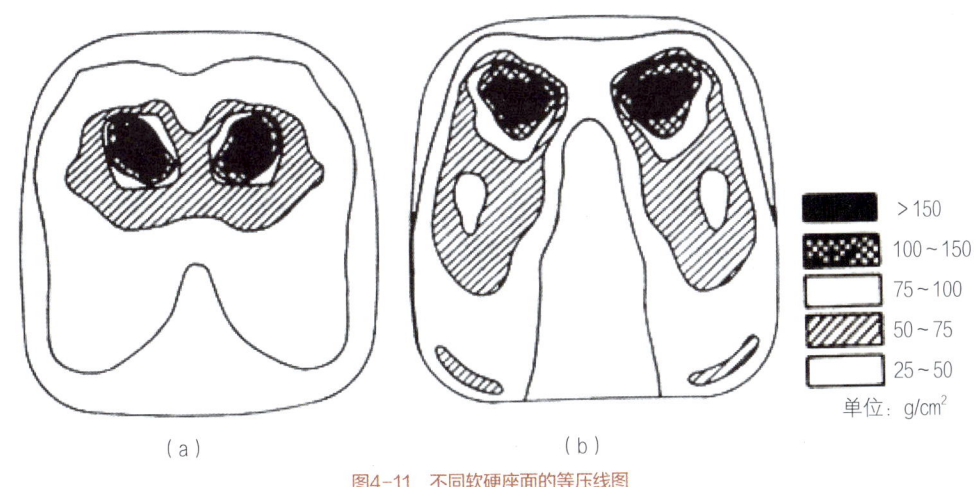

图4-11 不同软硬座面的等压线图
（a）软硬适度 （b）过软

4. 靠背曲线形态设计

侧视人体脊椎曲线，呈"S"形，如图4-13所示。"S"形又叫生理弯曲，这是人类长期以来进化的结果。人在剧烈运动中，脚部将传来地面较强的反作用力、能量，通过脊椎的拉伸、收缩予以消减，确保脑部受到较小的冲击。弯曲的脊椎由29块椎骨组成，其中，颈椎7块，胸椎12块，腰椎5块，尾椎5块。脊椎纵断面模型如图4-14所示，椎骨之间的椎间盘为软组织，保证脊椎曲线变形灵活。

靠背曲线形态应当和人体曲线相吻合，也就是和"S"形脊椎曲线相适合。就座时，脊椎的弯曲程度会有所平缓，但依旧是"S"形（见图4-15），这就要求靠背应当是弯曲形态。这种现象在我国明式家具中已经出现，较好地保证了就座舒适性。

图4-13已经表明了第一胸椎和第一腰椎的位置。在设计靠背时，显然腰部支撑向前凸起，而背部支撑向后凹进。一般把第3~4块腰椎中点处、第4~5块胸椎中点处分别作为腰部、背部支撑物的对称中心。

二、视图（大样图）的绘制

沙发的三个基本视图为侧视图、正视图和俯视图，一般根据具体情况可以绘制其中的2个或3个。它们都要按照1∶1大样图的形式绘制（包括沙发内部的木架零件要用虚线合理表达），如图4-16所示。

绘制大样图，主要是要注意尺寸、角度、比例等数据、参数的计算、表达。主要尺寸包括座前高、扶手内宽、座深，内部主要是确定胶合板、木方位置、尺寸；角度主要有座面斜角、靠背斜角、靠背弯曲情况等；比例主要是根据外观设计图纸合理把握座位、靠背、扶手的尺寸对比，前面定好了座位的几个重要尺寸、角度后，就可以依照比例将靠背、扶手尺寸适当确定。

图4-12　工作椅海绵软包

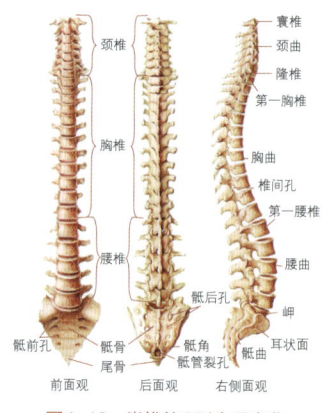

图4-13　脊椎的S形生理弯曲

图4-14　人体脊椎纵断面模型
1,4—椎骨　2—椎间盘　3—脊椎　5—神经

图4-15　"S"形弯曲

图4-16　大样图绘制

三个视图中通常最先绘制侧视图，如图4-17所示。这是因为侧视图最关键，首先沙发的主要形态特征侧视图反映最多，比如座面斜角、靠背斜角，不同使用性质的沙发斜角有所不同；又如靠背的凹凸起伏变化有序，也要重点刻画；再考虑沙发的结构，胶合板一般位于沙发木框架的两侧，因此，侧视图能够看到胶合板的轮廓，而诸多直线木方材在侧视方向正好可以看到断面效果，这样，沙发结构的主体特征就得以较好呈现。

有了侧视图，在绘制正视图和俯视图时，就有了很好的参照，可以方便地将沙发的其他辅助特征一一表达，如图4-18所示。

通过三视图的精细分解，严格做到木架和海绵的结构、用料合理。绘制视图所需的工具为水性笔、白板、墨水笔、牛皮纸等。方法是用水性笔绘制在白板上，也可以用黑色墨水笔绘制在牛皮纸样上。绘制在白板上主要是因为水性笔、白板便于修改，直至得到较理想的效果。

参看学习二维码"磨砂皮拉布双人软床"。

磨砂皮拉布
双人软床

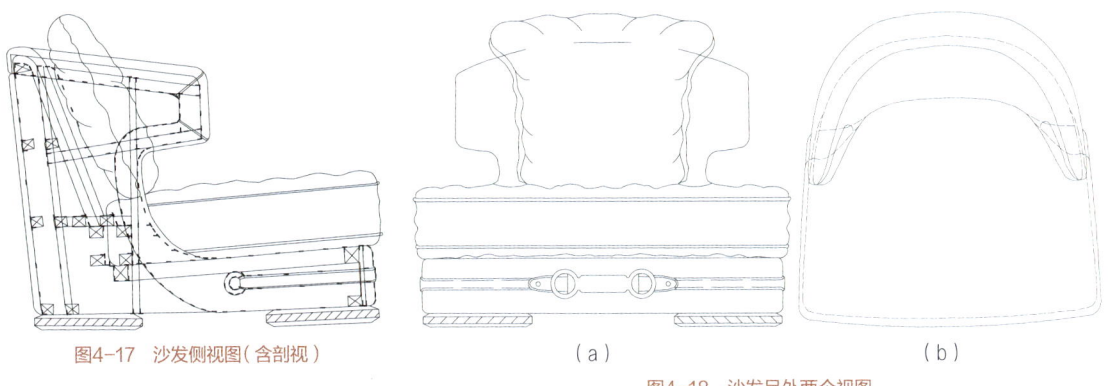

图4-17 沙发侧视图（含剖视） （a） （b）

图4-18 沙发另外两个视图
（a）正视图 （b）俯视图

第二节 制作木框架

一、制作木框架模板

在白板上绘制好三视图后，接下来是制作模板。用半透明无纺布将视图轮廓拓下来。由于无纺布柔软，将它用胶粘贴在牛皮纸上，增加厚度、硬度，再用剪刀剪切就可以得到各个木架模板了。如图4-19所示是本款单人沙发的主要木架模板。

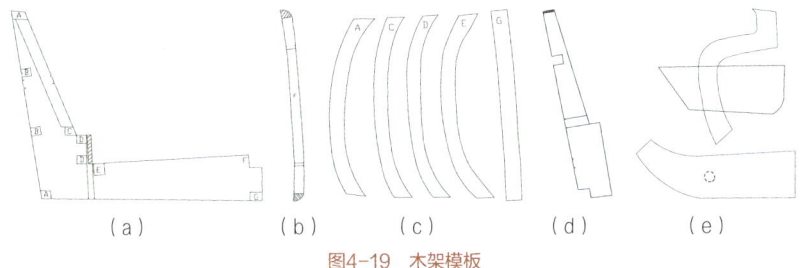

图4-19 木架模板
（a）12mm座框胶合板模及木方位置图 （b）F木方视图 （c）木方视图
（d）中间25mm厚加固板 （e）座架侧3mm胶合板模板（三块）

二、制作沙发木框架

依照木架模板，在木方材、板材、胶合板上划线，进行零件的制作、组装及钉绷带。木架制作部分第一章已经详细介绍。图4-20至图4-22是木架效果展示及有关技术说明。

值得一提的是，木框架材料加工是很关键的一个环节。通过对市面上的一些沙发解剖发现有的木框架塞角、短小木条零件甚至个别较大木零件的角度、长度不合理，不能和主框架材料紧密贴合，从而使得这些零件形同虚设，影响整体连接强度。究其原因，是由于木框架在沙发内部，有些工人质量意识不强、不能严格按照模板细微尺寸加工造成的。当然，根源可能和工人的考核方式有关，因为工人是论件计酬，有时难免为了追求速度导致重数量轻质量，忽视一些细节。

多功能沙发

参看学习二维码"几何世家沙发"研发。

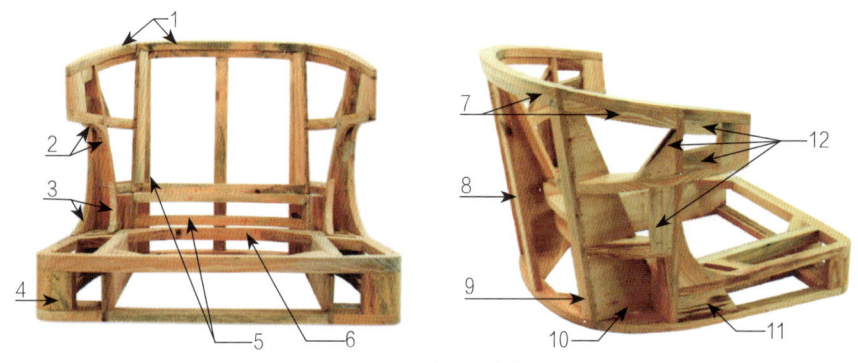

图4-20 木架效果（1）

1—拼架顶和扶手顶用30mm板　2—扶手上弯内外用30mm板　3—扶手弯内外用30mm板　4—座架前拐弯处贴30mm×90mm木方，按上下木方磨圆　5—靠背弯内外用30mm板　6—座架前拐弯处贴30mm×90mm木方，按上下木方磨圆　7—拼架后用30mm板　8—拼架后中间用20mm×40mm木方　9—拼后夹板内贴20mm×40mm木方　10—主架用12mm夹板　11—贴20mm板打铜钉的位置　12—贴20mm板打铜钉位置

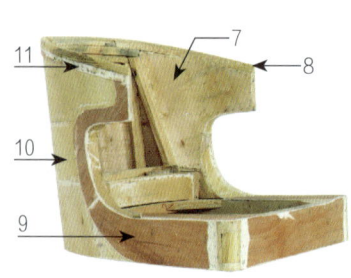

图4-21 木架效果（2）

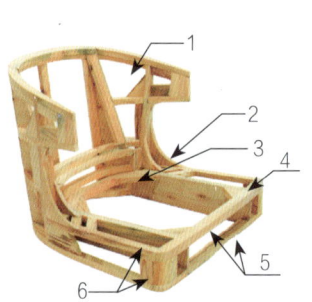

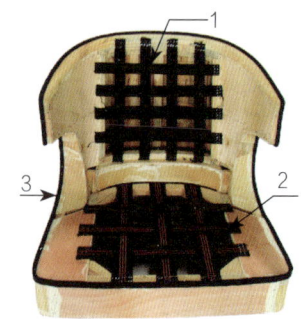

图4-22 木架效果（3）

1—拼架夹板内贴20mm×40mm木方，要磨斜边　2—拼前下磨45°斜边　3—座后三角40mm板　4—座架夹板外贴20mm×40mm木方　5—座架前上下40mm板　6—座侧上下30mm板　7—扶手内侧用3mm夹板　8—扶手前上角磨圆　9—座架侧3mm夹板，后贴5mm夹板　10—做好框架后先贴后背3mm夹板　11—后背上3厘板外圈贴一层5mm夹板

1—拼架内打50mm座筋，横4条、竖4条，先打横的不要太紧，竖的要拉紧一点，打横向顺架子带弧形　2—座打75mm座筋，横3条、竖3条，标准松紧度（纵向可优先考虑用弓簧三条替换绷带，弹性持久）　3—木架四周打胶条，弯处要用刀片割些小口使胶条转弯顺畅和标准一点

第三节 贴绵

一、海绵（软质材料）厚度的确定

依照木框架实物，设计海绵幅面形状、尺寸，并制作出海绵模板。由于木框架是有机形状，比较复杂，因此，有了木框架实物，就可以得到模板精确的细节形状、尺寸。如图4-23所示为透明的塑料模板。

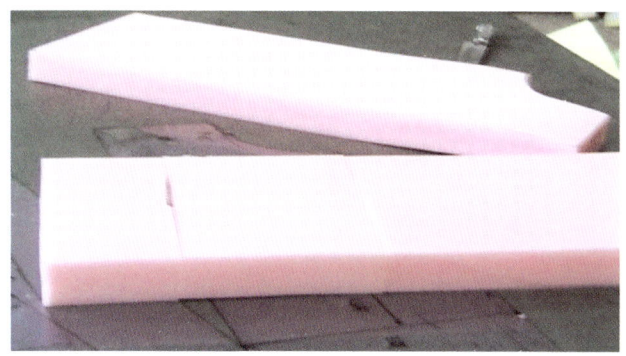

图4-23 塑料模板

1. 总体思路

海绵的厚度尺寸在最初画三视图时实际已经通盘考虑过了。图纸尺寸由木架、海绵、皮三部分的（厚度）尺寸共同组成。在绘制三视图阶段，这三部分的尺寸是"由外至内"确定的，真皮厚度依据沙发款式而定（比如这款沙发采用了1.2mm厚度的真皮），海绵厚度、种类也要根据功能要求确定外观尺寸（比如这款单人位沙发座包处海绵约140mm、靠背50mm），宏观尺寸减去真皮厚度1.2mm（皮厚较薄可忽略不计），减去各自部位海绵厚度，最后确定各个部位木框架的形状、尺寸。

一般而言，座面、靠背内侧及上侧、扶手内侧及上侧等手接触部位的海绵厚度为30~50mm，确保舒适度；靠背外围、座面（下部）外围厚度12mm，确保视感自然以及不经意接触时的手感一致。其中，座面处海绵等软质材料变化较大，厚度通常在50~200mm变化。

2. 座位处软质材料组合

座位处，除了海绵材料以外，还可以有其他材料（组合）。比如羽绒、模塑海绵、慢回弹海绵、乳胶海绵、袋装螺旋弹簧等。羽绒蓬松，视觉有雍容富丽之感；模塑海绵线条感强，时尚感足；慢回弹海绵反应"迟缓"，贴身性好，适合体弱多病者使用；乳胶海绵由于是天然材料，自带乳香，有其独特魅力；袋装螺旋弹簧，金属始终弹力足、耐久性好。针对不同风格、款型、特殊订制需要，可以优化组合软质材料。

二、以木框架实物为基础设计海绵模板

求取海绵模板，一般分为两步，即求作外围12mm海绵模板并裁切、贴绵。然后，求作其他部位海绵模板并裁切、贴绵。

1. 求作外围12mm海绵模板并裁切、贴绵

（1）求作外围12mm海绵模板。12mm海绵紧贴木架外围，边缘平齐。先依照木框架外围形状，规划好12mm海绵在木框架上的分块、分配情况；再将沙发木框架在牛皮纸上贴紧、转动，依次取得12mm海绵的模板。

（2）在12mm厚海绵上划线、裁切。有了海绵的模板，就可以顺利地划线、裁切、粘接海绵。裁切海绵时，依照模板，在12mm厚海绵上划线、裁切。可适当偏大0~5mm，一般不允许偏小。贴绵时，一般对准木架，居中定位，轻轻往周边拍打，对齐木框架边缘，铺贴平顺。

（3）修整外围海绵。用海绵割刀、铁刷沿着木框架外围修整海绵。

2. 求作其他厚度海绵模板并裁切、贴绵

12mm厚海绵已经贴覆到木架上，其他部位海绵通常要盖住12mm海绵，比如靠背上侧海绵、座位上侧海绵。

因此，这些海绵模板通常要比木框架大12×2=24mm。海绵照此裁切、粘贴上去，才好形成规整的视觉效果。

粘接海绵，有关要求第二章已经涉及。基本标准是粘、拼接饱满、弯位顺畅，没有塌陷和凹凸不平，两人位、三人位应分中线贴匀，坐感一致；根据实际需要进行飞边、刷毛（刷平顺）、抓边等；粘接好海绵后，试坐、遴选、确定最终应该选择的海绵种类、厚度等。如图4-24和图4-25所示为贴绵、造绵及其技术要求。

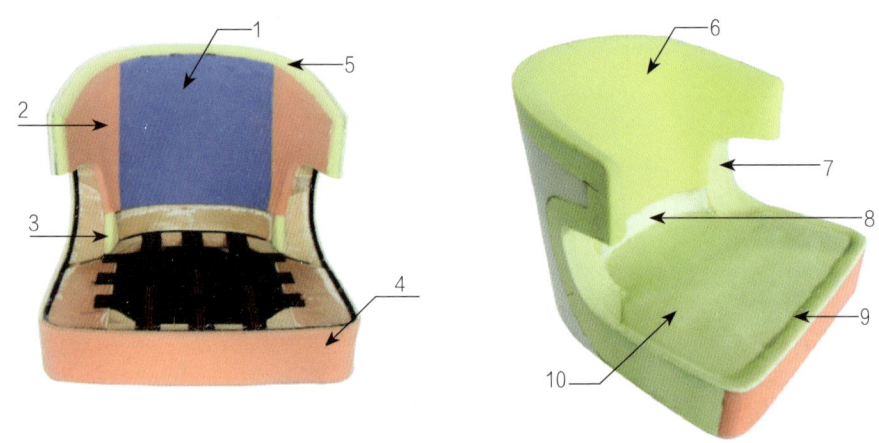

图4-24 木架上贴绵

1—拼架前用一层C01海绵25mm靠上半部分按样板要求飞边 2—扶手内贴一层30软25mm，按样板要求飞边 3—拐弯处50A硬25mm贴好后内侧要刨顺 4—座架前贴一层30软25mm 5—拼架顶和扶手顶贴一层45mm宽飞边后的50A海绵25mm，要刨顺 6—拼面贴一层50A海绵25mm 7—拐弯处贴一层50A海绵12mm 8—拼下前贴一层30硬12mm 9—座架面与胶条处贴好成折弯形 10—座架面贴一层50A海绵12mm

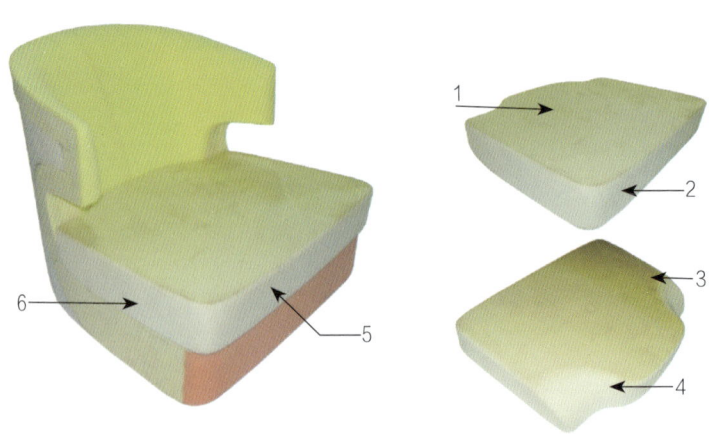

图4-25 造绵

1—座包用130mmPU一层 2—座面前按样板要求飞边 3—座底按样板划线 4—座底后弯处按样板要求操作 5—此绵造好形后前方比座架长20mm 6—此绵造好形后侧面比座架大10mm

第四节 扪皮

一、出真皮模板

粘接好海绵后,样板制作基本任务过半,接下来要确定真皮模板。

首先是参考外观设计效果图,确定海绵表面分线情况如图4-26所示,这些线是将要制作的一块块真皮模板的缝纫边线。皮、布分线具有结构性、装饰性特点,结构性比如面的转折处(如靠背的内侧、外侧转折处);装饰性比如面内的皮块分线(线条形状及缝纫线型同时考虑)。

图4-26　在海绵上进行分线(示意)

其次,分好线后,要在线上随机、横向划短线(剪口对位点),弯位处的短线数量(密度)适当增多。其他,如拉链起止位置等,也需要用短线标明。

最后用无纺布将分好的轮廓线(含横向短线)拓下来如图4-27所示,用胶粘贴在牛皮纸上(因为牛皮纸较硬,能保持一定的形状)。要在皮样的外围增加12mm左右的缝纫用宽度(缝边),厚皮的缝边可加大到20mm左右;如图4-28至图4-33所示是本沙发的皮、布面料的模板图样。

在取真皮模板的过程中要注意理论和实践相结合的操

图4-27　用无纺布拓制真皮模板

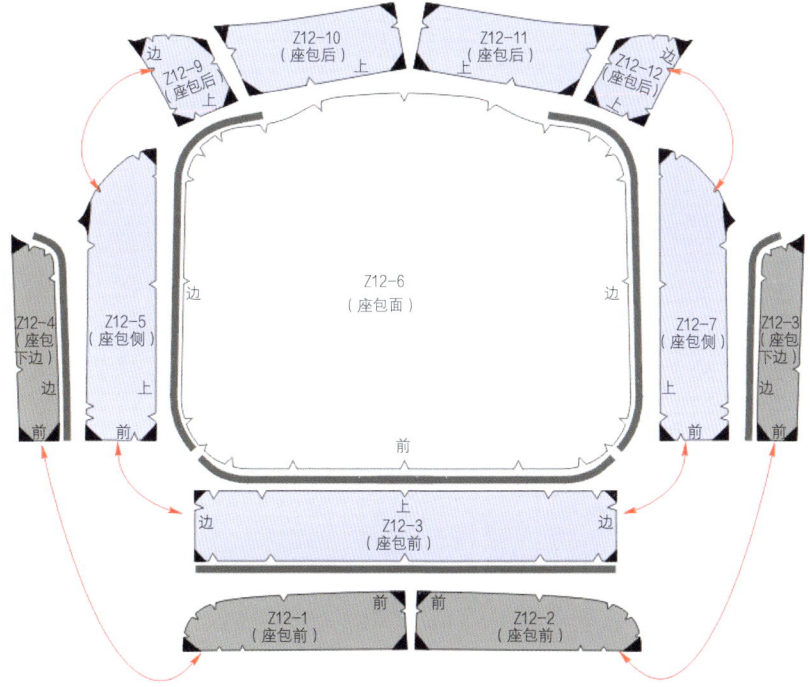

图4-28　座包皮样模板

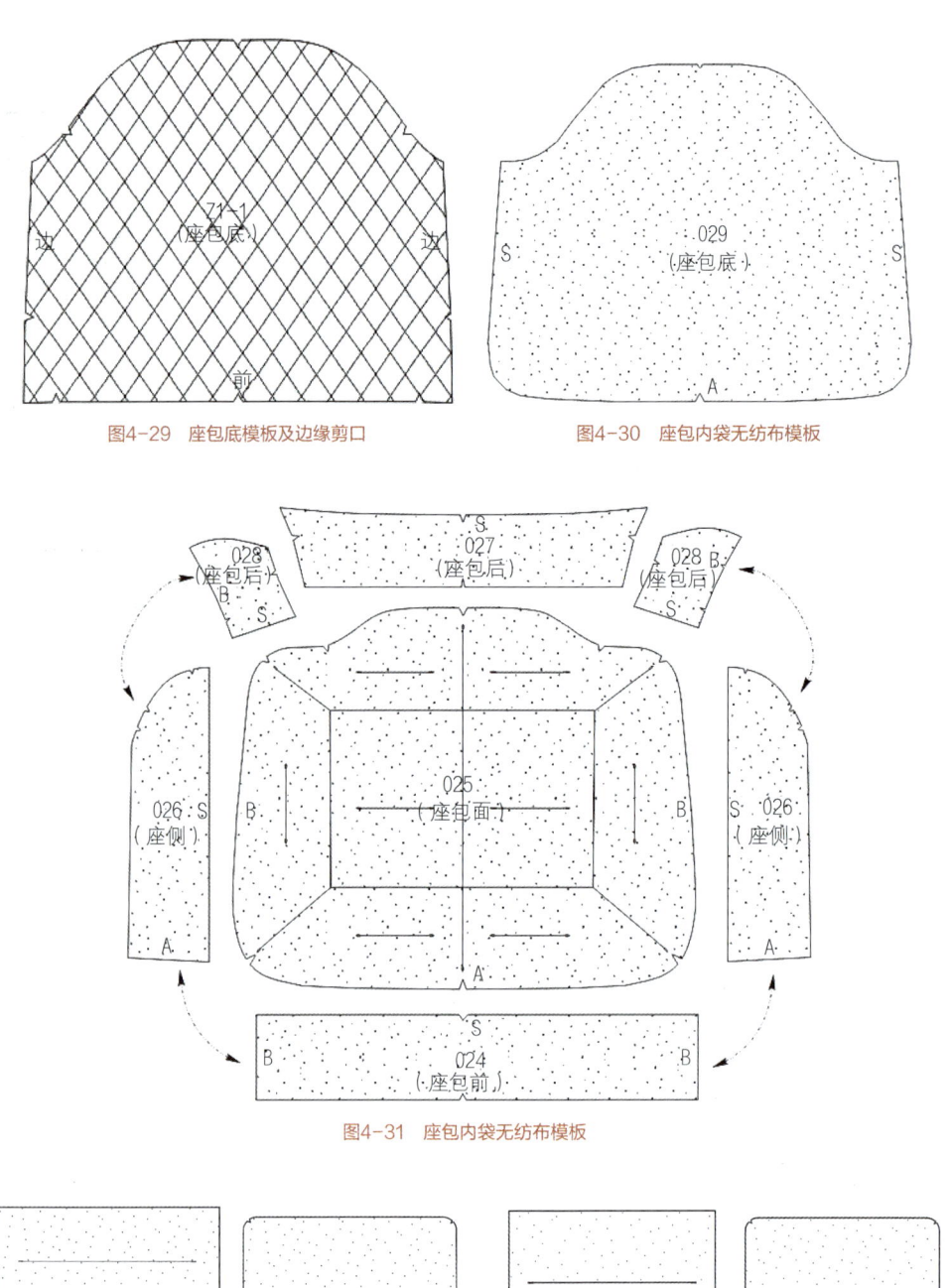

图4-29 座包底模板及边缘剪口

图4-30 座包内袋无纺布模板

图4-31 座包内袋无纺布模板

图4-32 拼包布料模板

图4-33 抱枕布料模板

作模式,合理分线,合理分配好每一个剪口定位点。遇到一块皮样和多块皮样曲线连接的复杂情形时,一般除了剪口定位外,要增用"定位点法",使皮样相互关系明朗,如图4-34所示,在剪口的基础上又采用了A、B、C、D等点定位。

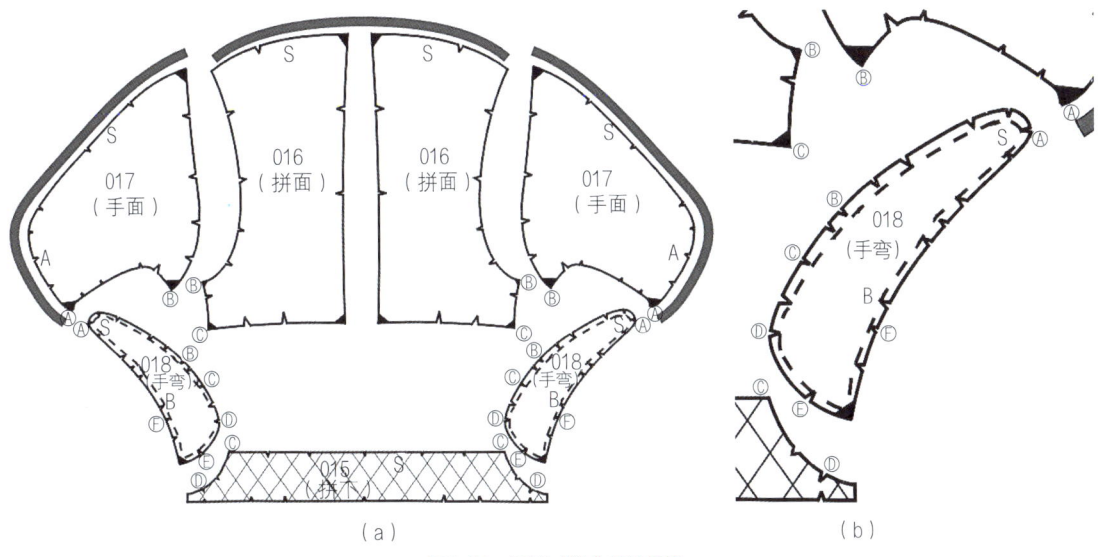

图4-34 "定位点法"设计模板
（a）完整靠背真皮模板图样利用剪口联系相邻皮样 （b）"定位点法"建立多块皮样间联系

二、真皮、布料的套裁

车缝包括对皮、革、布料的套裁和缝纫两个方面。首先是根据模板对皮、革、布料进行套裁，这是生产成本重要的控制点。特别是真皮材料，因为一张真皮价格动辄上千甚至更高，占整个沙发成本的比重大。其次是将套裁好的皮、革、布料进行缝纫，有关知识第三章已经有介绍。本节结合本款新古典沙发，重点介绍真皮的套裁知识。

有关套裁知识，第一章已经有所涉及。胶合板材、人造革原材料幅面尺寸、材性都比较规整（胶合板材有标准幅面，人造革都像布料一样成卷生产），划线环节只要布局紧凑、排序顺溜就能达到理想的出材率，降低成本，如图4-35所示；而木板材、真皮原材料，由于都是天然材料，在生长、加工阶段难免会遗留下来天然缺陷和加工缺陷。尤其是真皮，完整的一块牛皮，不同部位厚度、强度、肌理有较大差异，要依据材性，进行科学划线、套裁、优化组合，保证质量，降低成本，确保沙发制品高的性价比以及高的顾客回头率，如图4-36所示。

由于天然皮革是一种非均质的材料，其质量受动物的种类、性别、兽龄、生长环境、饲养情况以及制革加工操作等诸多因素的影响。因此，天然皮革存在着各异性，即批与批、皮与皮以及部位与部位之间都不完全一致，这给皮革沙发的工业化生产带来一定的难度。

图4-35 人造革的套裁

图4-36 真皮套裁

(一)天然皮革的性能

1. 天然皮革的性能种类

天然皮革的性能大体上可分为物理性能、机械性能和化学性能三类。表4-5列出了沙发皮革的主要性能。这些性能中有些主要是由皮革的纤维结构所决定的,有些是由制革加工操作所决定的,而更多的是受上述两个方面的综合影响。

表4-5 天然皮革的物理-机械性能

机械性能	抗张强度	物理性能	厚度及厚度的均匀性
	抗撕裂强度		吸水性
	耐折牢度		耐汗性
	延伸性		耐化学试剂性
	弹性		收缩温度
	耐磨性		密度
	色牢度		卫生性能
	耐干、湿擦牢度		色泽及色均匀性
	耐水洗性		粒面花纹

从皮革沙发的使用性能上看,抗张强度和抗撕裂强度是使用寿命的主要影响因素,以及色牢度、耐折牢度、耐摩擦性等"耐用性"指标,这些制革生产企业必须予以重视。而皮革沙发生产企业则应着重考虑沙发主要部位的上述指标是否符合要求。

延伸性、弹性、粒面粗细、色泽、色均匀度、厚度及厚度的均匀性是皮革沙发手感及视觉效果的主要影响因素。在选择皮革沙发时,消费者以上述指标判断沙发的质量,因此,皮革沙发生产企业在采购原材料及设计师进行产品的结构设计时,都必须考虑上述"感观"指标。

2. 胶原纤维与皮革

对皮革胶原纤维的研究可知:

(1)胶原纤维的结构和性质决定皮革性能。纤维成分是天然皮革的主要组成成分,胶原纤维是真皮中的主要纤维,占真皮全部纤维的95%~98%。长纤维束纵横交错编织成立体网状结构,使皮革具有很高的机械强度。

(2)天然皮革的各异性。胶原纤维的编织形式和紧密程度与动物的种类、性别、兽龄、饲养状况等有关。同一张皮的不同部位,胶原纤维束的粗细度、紧密程度和编织形式也不完全一样。天然皮革的各异性主要表现在粒面粗细、厚度、强度、延伸性和柔软性等方面。

(3)天然皮革柔软性的决定因素。纤维束与粒面构成的夹角被称为编织角(也叫编角)。天然皮革的纤维束织角为0°~90°。织角的大小与皮革的性能有紧密的关系。织角大,成革的耐磨性越好,但革身硬、挺;织角中等,成革的抗张强度和抗撕裂强度高;织角小,成革柔软,延伸性大。

3. 天然皮革的部位划分

天然皮革可分为臀部、背部、颈肩部、边腹部、腋部、四肢部和头尾部7个部位,如图4-37所示。而小牲畜皮革无头尾部和四肢部。由于不同部位的胶原纤维在粗细、织角及编织紧密程度等方面不同,因而各部位的性能也各不相同。

4. 天然皮革的延伸方向

在外力的作用下,皮革沿受力方向发生延伸。对皮革力学性能的研究结果表明:在相同大小和相同方向的外力作用下,不同部位的延伸性大小不同;同一部位在受到相同大小但方向不同的外力时,其延伸性大小也不一样,如图4-38所示,图中的箭头方向为该部位延伸性大的方向。

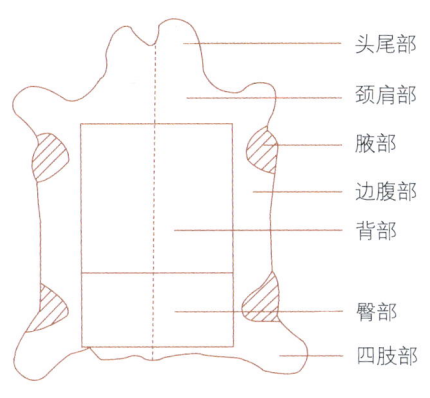

图4-37 天然皮革部位的划分　　　　图4-38 天然皮革的延伸方向

5. 天然皮革各部位的力学性能

表4-6是天然皮革各部位的力学性能,抗张强度参数以臀部为100分,其余部位为相对分。

表4-6 天然皮革各部位的力学性能

	臀部	背部	颈肩部	边腹部
纤维束	粗壮	较粗壮	较细	细
纤维编织	紧密	较紧密	较疏松	疏松
纤维织角	大	较大	较小	小
柔软程度	差	较差	较好	好
*抗张强度	100	74~100	49~74	<49
延伸率/%	<20	20~26	26~60	>60

(二)选皮、配皮、点伤、粗排

根据生产任务通知单领取皮革;将皮革沿背脊线对折,叠放在光线充足的操作台上进行粗选;要求皮革的颜色、光泽、粒面粗细、手感、厚薄等感官指标符合要求;剔除不符合要求的皮革;将颜色、光泽、粒面粗细、软硬、厚薄等感官指标相同或基本相同的皮革归为一类,按照定额可适当多配1~2张皮革;将粒面及肉面的伤残、缺陷标记出来(点伤),以便合理利用;初步排列样板,选择最佳的套划方法。

(三)套划原则

图4-39是单人沙发的真皮皮块套裁图,以下内容围绕这款图展开。

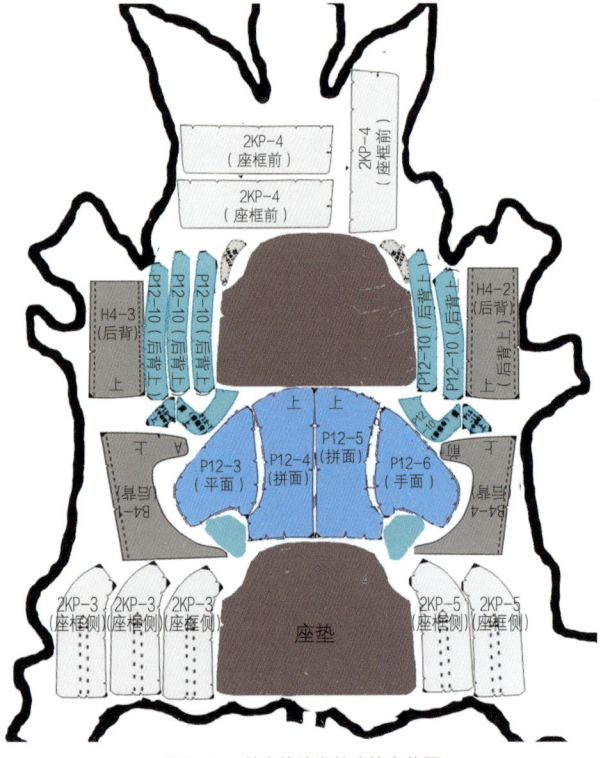

图4-39 单人位沙发的皮块套裁图

图4-40 依靠模板划线（先大后小）

1. 先主后次、先大后小

先套划主要部件和形体尺寸大的部件（如沙发座面、靠背正面，扶手表面等），后套划次要部件和形体尺寸小的部件（如靠背背面、扶手外表面、沙发座侧面、扶手内侧面等），如图4-40所示。这样有利于充分利用质量好的成革部位，使沙发主要部件的外观及内在质量都有所保证；如果在套划好的主要部件上带有无法修复的伤残缺陷，还可用来改划小的部件，做到物尽其用。

2. 对称套划

对称部件尽可能沿背脊线左右对称地进行套划，或在两张较为接近的皮上分别下裁，这样可确保沙发对称部件的外观肌理及内在质量对称一致。对于沙发座面、靠背、扶手面等和身体接触密切的地方更应如此，确保触感一致。对称部件的下裁方向要保持一致。由于皮革的力学性能存在着各向异性，如果对称部件的下裁方向不保持一致，则在制品的局部会发生扭曲，而沙发在使用过程中也会发生不同程度的变形，影响外观效果。

需要缝合的两个部件，其缝合部位应尽可能地排放在面皮的同一部位，避免由于皮革质量的差异而影响沙发的外观及质量。

对称套划这点很重要，有些对表面效果要求高的消费者就是因为沙发表面几块对称位置皮块肌理、手感不同，而要求退回生产厂返工。

3. 好坏搭配

在好皮上多下主要部件，即使在好皮的次要部位也可以下主要部件；在次皮上多下次要部件，即使在次皮的主要部位也可以下次要部件。

4. 择向套划

套划时，要尽可能地使沙发部件在使用过程中的受力方向与皮革抗张强度最大的方向平行；一般部件都按平行于背脊线方向下裁。

5. 合理利用伤残

在使用过程中受力小的部件处、沙发中被遮盖住的部件及不显眼的次要部件上合理使用伤残、缺陷皮。总之，由于天然皮革的性能存在着各向异性，对皮革沙发的前期加工造成了一定的影响。因此，在选料、配料、点伤，特别是套划时，必须根据面皮的性能质量以及沙发的款式结构，灵活掌握套划原则，在确保产品质量的前提下，尽可能地提高原材料的有效利用率，从而大幅度地降低生产成本，提高企业的经济效益。

三、真皮、布料的缝纫

如图4-41至图4-44所示是本沙发缝纫实物的照片及相关技术要求。

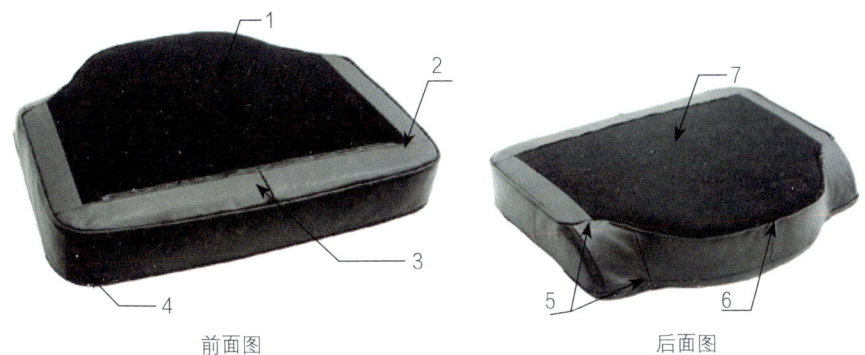

前面图　　　　　　　　后面图

图4-41　座包缝纫

1—车活动拉链　2—用12股高线压单线（压真皮上面）　3—座包前下车暗线　4—座包前角车暗线　5—座包股条到此位置　6—座包后装拉链　7—座包底用咖啡色透气布

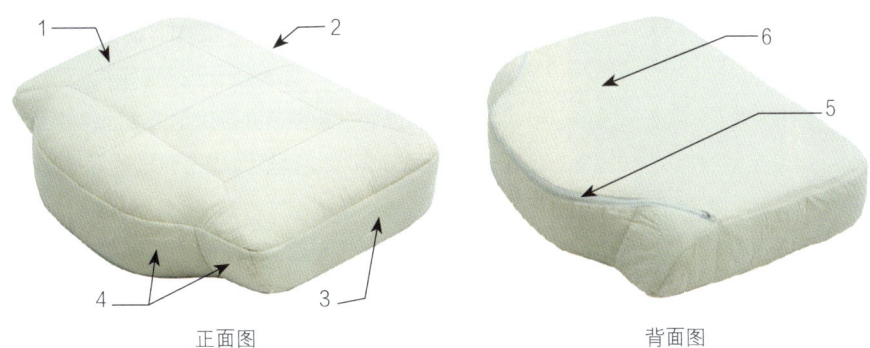

正面图　　　　　　　　背面图

图4-42　座包内袋缝纫

1—座包羽绒内袋面上划线部位内带格条，因座面是两层要装羽绒，里面一层每个格子里要车一条普通5#拉链　2—座包前要装羽绒，车两层，里面一层车一条普通5#拉链　3—座侧两层布夹一层复合1000棉一起车　4—座包后两层布夹一层复合1000棉一起车　5—座包底后车一条普通5#拉链　6—座包底只是一层布

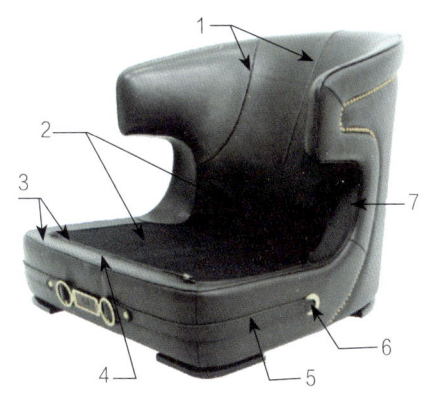

正面图

图4-43　沙发缝纫图（1）

1—拼架前的三条主缝车暗线　2—拼前下和座架面都用咖啡色透气布　3—座架外边和内线都要压单线（往边上面压）　4—座架前车一条活动拉链　5—此真皮装饰条先按样板裁好按要求刨好皮，用专用胶水将两层皮粘在一起用专用刀模压切后，贴双面胶按皮套上的线粘在一起压大线　6—此处把装饰条插进配件空内进口处要弄成领带节的造型，多余的皮用胶水粘在主皮套上　7—此拐弯处一圈压单线

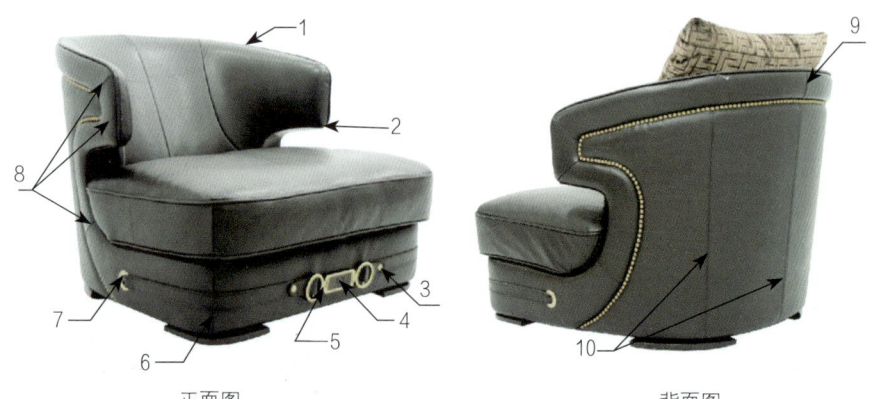

正面图　　　　　　　　　背面图

图4-44　沙发缝纫图（2）

1—拼架顶用圆丝包真皮管条　2—拼架管条到此处　3—此处打5厘孔装配件　4—此配件里的真皮商标是先按样板尺寸裁好真皮，再用热压模压好并用胶水粘上去（要粘平整）　5—此处安装配件　6—座架前角位处车暗线　7—此处安装配件　8—此接缝口处车暗线　9—拼架后中间车暗线　10—后背压双线

四、扣皮

（一）扣皮工艺

扣皮泛指用拉布（条）、橡筋、枪钉等材料将座包、靠背、扶手等软包固定在贴绵后的木框架上，同时由于拉布（条）、橡筋的牵拉作用，使得海绵软包具备一定的外轮廓以及块面分割效果，从而赋予软体家具以特定的功能性、艺术性，如图4-45所示。

1. 主体工序

将包好纤维棉的海绵装进皮（布）套，海绵应呈舒展状，皮（布）套应饱满、平顺，再用胶水把海绵与面料粘接牢固。将贴好绵的木架定位划线、分中，铺上喷胶绵，并剪掉多余的喷胶绵。

（1）扣扶手。外线平直，左右扶手对称，褶皱均匀。

（2）扣座包。中坐线准确摆中，左右角位对称，座前向前倾10~20mm。

（3）扣拼架。拼中线准确摆中，左右拼线，高度对称，拉线均匀，松紧适中。

将已填充海绵的皮（布）套套上木架。套正，定位准确，并用气钉沿皮的边缘固定。操作时小心保护皮（布）料质量。

2. 安装

将所需的五金件及装饰物用螺丝固定安装，活动部位动作灵活。将扣好的扶手、座包、拼架等牢固连接在一起，拧上沙发脚，应牢靠，落地平稳。

3. 检验

扣皮（布）时，应边扣边自检，要心到、眼到、手到，特殊部位重点把关。

扣皮（布）和安装完毕，自检，要求拉布松紧适中，凹凸及褶皱均匀，表面及边角平顺饱满。不能看到明显木方痕迹，枪钉不得外露。

目测同套沙发颜色一致，左右对称，同一部位尺寸偏差不大于8mm，五金及装饰件牢固美观。

4. 结束

填写相关记录；清洁工位，保持现场整洁；下班时关闭所有用电设备，进行安全检查。

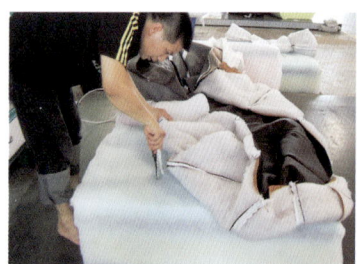 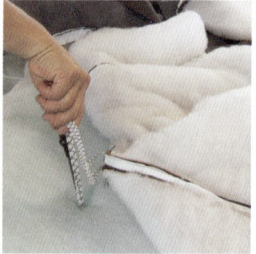

图4-45　用针将橡筋穿过海绵送到木架内侧

（二）本款沙发包扪工艺

在海绵上粘贴纤维棉，然后扪皮，如图4-46至图4-49所示。

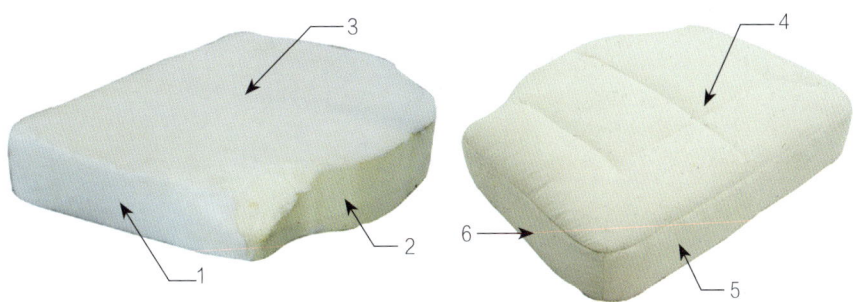

图4-46 座包一

1—座面侧贴一层复合1000绵　2—座包前后不贴　3—座包底贴一层80g纤维棉　4—座包贴好纤维棉后套上羽绒袋（带羽绒的是面）　5—座包前面带有羽绒　6—座包两侧和后面车有一层复合1000绵

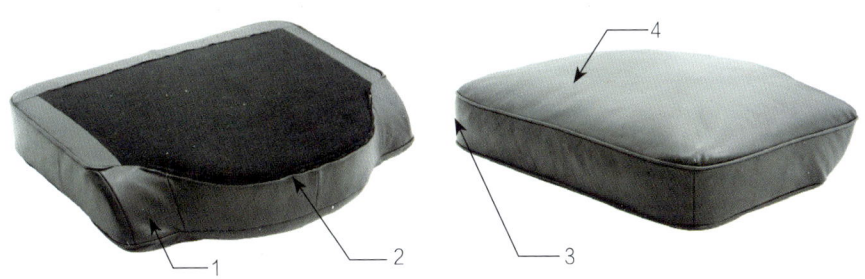

图4-47 座包二

1—座包后的角位处在装皮套时要装到位　2—座包后有一条YKK5#拉链　3—座包前角位在装皮套时要装到位　4—整个座包在装皮套时要装平顺，装好后要把座面上的羽绒拍打均匀

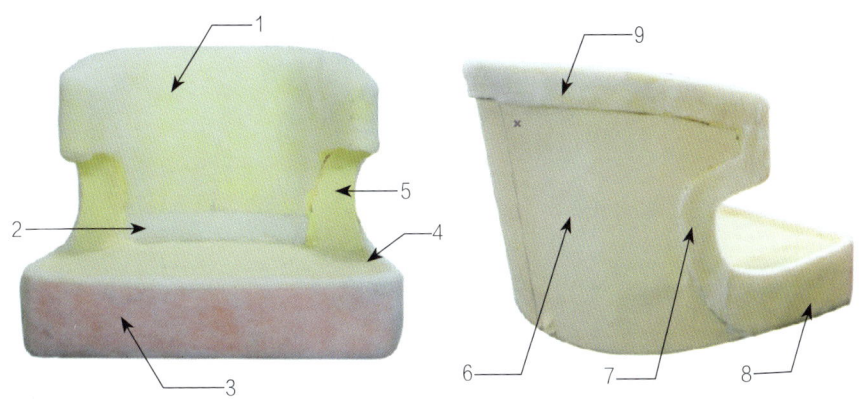

图4-48 主架

1—拼架贴一层纤维棉　2—拼架下贴一层纤维棉　3—座架前贴一层纤维棉　4—贴座架一圈纤维棉时到此折弯位置（拐弯内留扪皮粘胶水）　5—扶手拐弯处不贴纤维棉（留扪皮粘胶水）　6—后背不贴纤维棉　7—贴背侧和拼架顶的纤维棉顺边齐　8—座架侧贴纤维棉　9—拼架顶的纤维棉是和拼架前一整块的

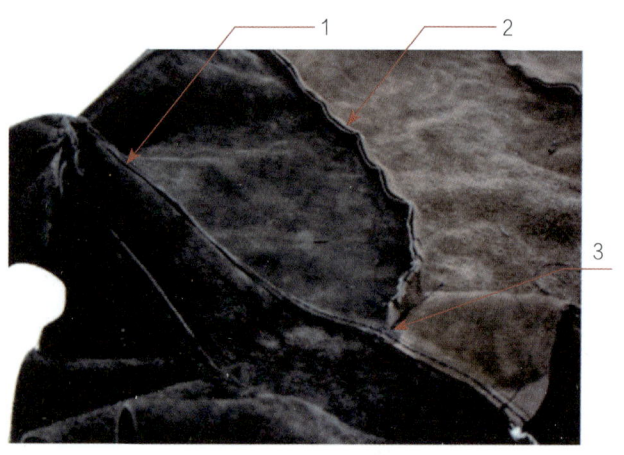

图4-49 主架真皮套

1—此单椅所有压明线处的缝口都要剪掉,皮套所有带管条处的缝口也要剪掉 2—所有暗线缝口不要剪 3—所有类似接头处的缝口都要剪开

(三) 某双人床屏扪制效果

如图4-50和图4-51所示是一件双人床床屏(靠背)。该床屏的软包(真皮、海绵)是通过橡筋牵拉、固定到木架上,同时床屏正面产生菱形装饰图案,立体感强。

除了采用拉布(条)、橡筋的牵拉固定外,最后,软包的周边一般采用钉枪固定在木架上,基本完成了软包在海绵木架上的包扪工艺。

图4-50 床屏内部效果(局部)

图4-51 床屏正面效果

第五节 配件安装

底座钉上无纺布(底布),要求底布方正,同套沙发无纺布相同。底布上外露枪钉,钉距25mm,平直,如图4-52所示。底布为沙发专用布,原材料缠裹为卷装,宽度一般为1140mm,抗撕裂强度一般,主要作用是防尘、隔绝昆虫和老鼠等。

如图4-53所示是本款沙发的配、饰件安装及要求。

下面几个零件是本款沙发的木质前脚、后脚及装饰扣。脚是水曲柳,黑橡开放漆效果;装饰扣是锌合金材料,电镀青古铜色喷叻架。如图4-54至图4-57所示为木质前脚、木质后脚及装饰扣的零件图。

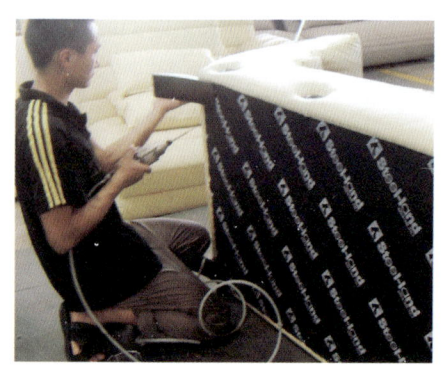

图4-52 装脚

第四章 单人沙发的出模与制作

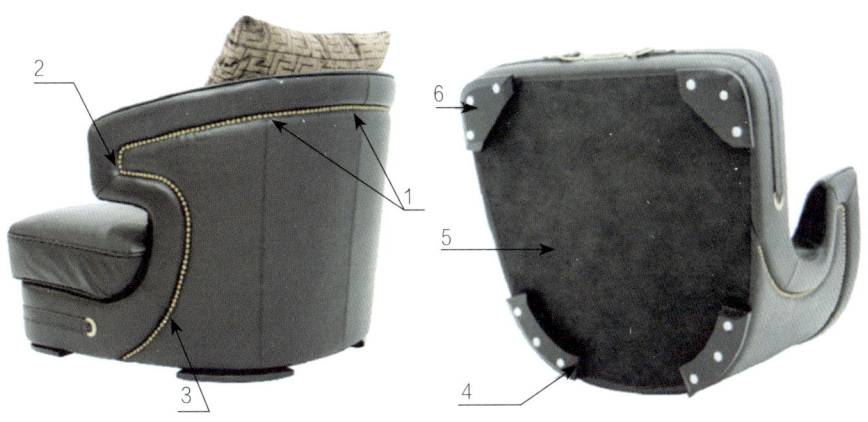

图4-53 钉泡钉、底布、安装沙发脚

1—此处打铜钉之前要把缝口多余的皮剪掉，铜钉要打顺畅、深浅一致，铜钉的距离为6mm
2—转弯处往里圈的皮要多剪三角口以保其顺畅，此处的铜钉更要注意顺畅均衡　3—此处铜钉也要打均匀顺畅　4—装后脚要和内架的木方齐（箭头处），外边顺架平　5—钉底布
6—装前脚处也要顺架子平

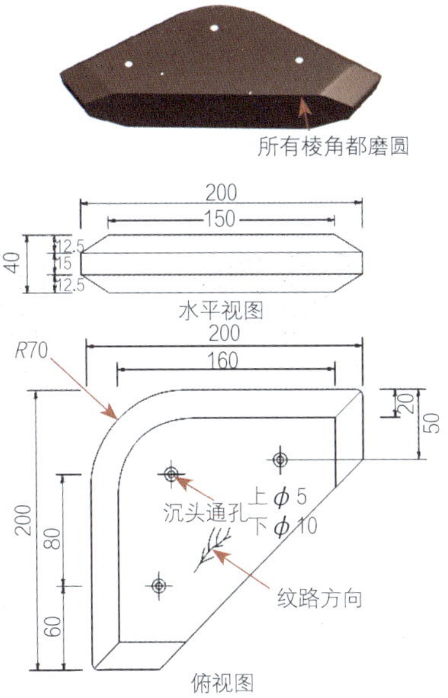

图4-54 木质零件图——前脚

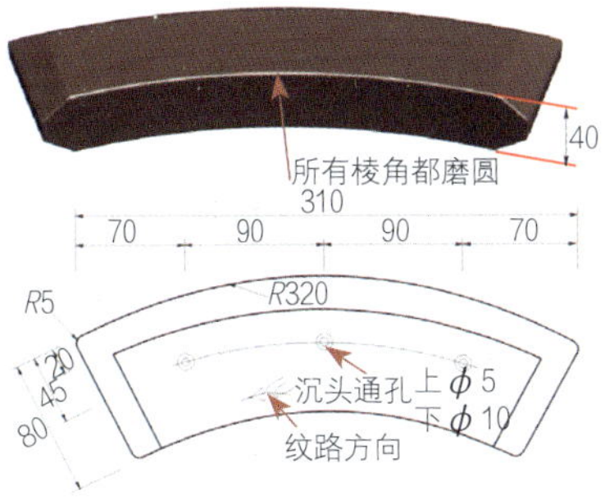

图4-55 木质零件图——后脚

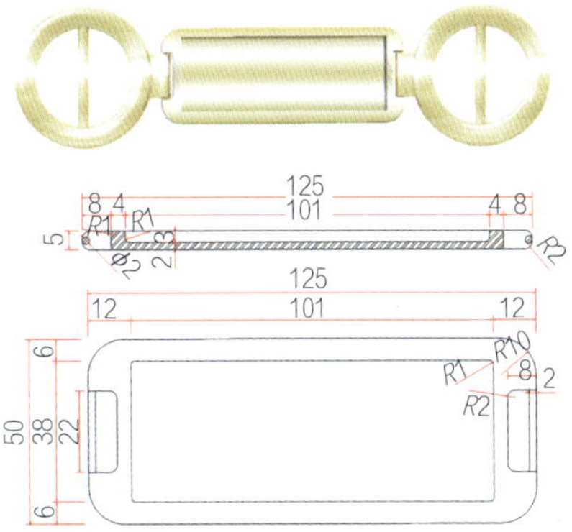

图4-56 装饰扣板

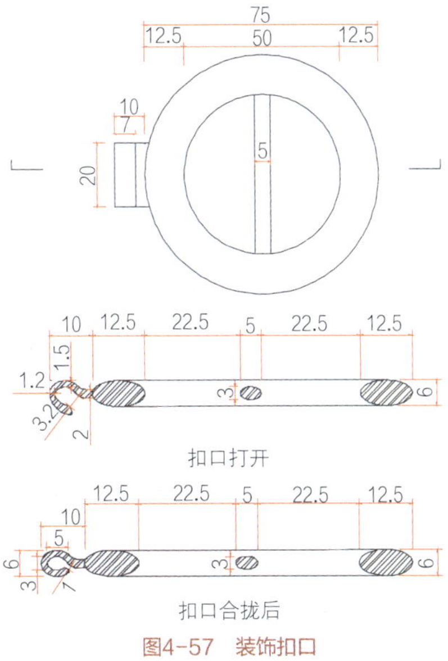

图4-57 装饰扣口

第六节　检验

一、试坐、合议

本环节似乎不应该作为沙发出模的一个特定环节，但是它却至关重要。一件好的作品，做出后才是真正客观检验的时刻，需要设计师之间反复沟通，才能事半功倍。

试坐要注意采用多种姿势，充分体验舒适度。不能太过斯文，要用各种动态（包括单脚跳等）落座，以充分检验强度；用仪器、设备的规范检验见随后的沙发质检小节。

要进行集体决策，重点探讨沙发的强度、造型、皮块的分线、线型、海绵的弹性、饱满度、人机工程学效果、舒适度等，集体合议，保证质量。

二、沙发质检

沙发质检的目的在于确保从外观设计、样板设计与制作到沙发生产等各个环节的质量。这就要求沙发设计与生产的每一环节都要有相应的质量检验标准。因此，有一定规模的企业都会拟定产品检验标准，设立质检部门，各个车间设有质检员，把关各个环节的质量。

国家层面则有相关的国家标准，由质检部门负责检验、监督。沙发产品的主要国家标准是《GB 17927—1999 软体家具　弹簧软床垫和沙发抗引燃特性的评定》等。

1. 塞尺

测量分缝（缝隙），如沙发四脚平整度、木质榫的配合精度、抽屉的下垂度和摆动度等。塞尺为一系列薄钢片。规格为0.05～1.00mm，如图4-58所示。

2. 泡沫塑料密度测试仪

泡沫塑料密度测试仪用于测定海绵的密度。

3. 纺织面料色牢度测试仪

纺织面料色牢度测试仪用于测定纺织原材料面料质量，如图4-59所示。有些纺织面料摩擦色牢度达不到标准要求，色牢度测试后严重脱色。应当对原材料定期进行抽查检验，防止不合格材料过关进厂。

4. 皮革色牢度测试仪

皮革色牢度测试仪用于测定皮革原材料面料质量，如图4-60所示。有些皮革面料摩擦色牢度达不到标准要求，色牢度测试后严重脱色。应当对原材料定期进行抽查检验，防止不合格材料过关进厂。

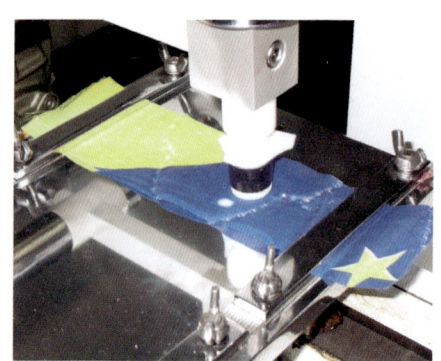

图4-59　纺织面料色牢度测试仪

图4-58　塞尺

图4-60　皮革色牢度测试仪

5. 人造板力学测试仪

人造板力学测试仪用于测定人造板原材料胶合质量，如图4-61所示。两个拉头上下加强力拉伸，直至试件破坏，检测胶合质量、胶合板原材料质量。有的人造板材力学强度不够，导致家具成品搁板、层板变形弯曲，沙发木框架内人造板也要求保证具有足够的强度、刚度。要对人造板、涂料、胶黏剂、五金等常用材料，制定收货验收标准及要求。

6. 漆膜附着力交叉切割测定

用刀片沿着模板割槽在实验区域的漆膜表面切割出两组互相垂直的格状割痕，每组割痕都包括11条长为35mm、间距为2mm的平行割痕。所有切口应穿透到基材表面。割痕方向与木纹方向近似呈45°，如图4-62所示。

割痕完毕，用漆刷轻轻掸去漆膜浮屑，将氧化锌橡皮膏用手指按压粘贴在试验区域上，顺对角线方向猛揭一次。切割方格中，漆膜沿割痕将有碎片剥落。在观察灯下，用4倍放大镜仔细观察试验区域漆膜受损情况，再比对相应等级标准，得到漆膜质量等级，大致有五等。根据测试情况，从基材特点、涂料品质、涂装工艺、涂装环境等方面分析。

7. 漆膜耐磨测试仪

漆膜耐磨测试仪用于测定漆膜质量，如图4-63所示。试件涂饰后存放10d至完全干燥。

磨转次数为400，1000，2000，3000，4000，5000几种。磨转完毕，观察，根据漆膜露白程度比照标准，定级，大致有四等。

8. 漆膜耐干热测试仪

漆膜耐干热测试仪用于测定漆膜耐干热性，如图4-64所示。试件涂饰后存放10d至完全干燥。

实验温度：70，80，90，100，120℃。实验完毕，观察，根据漆膜颜色、光泽、表状等方面比照标准，定级，大致有五等。

9. 甲醛等有害气体含量检测

（1）穿孔萃取法。用于人造板等材料的甲醛含量测定，如图4-65所示。

（2）气候箱法。类似一个房间，将大件家具如沙发、床垫、地毯等放入，检测家具整体甲醛释放量，可根据家具大小选择不同的气候箱。如图4-66所示为一个1m³容量的小型气候箱。

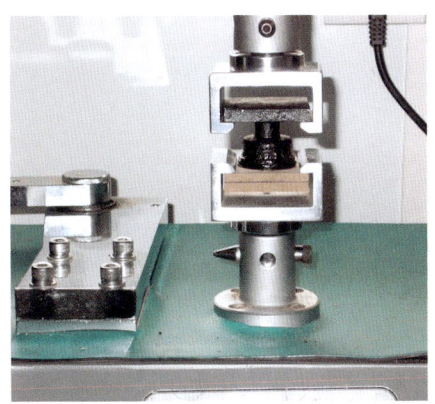

图4-61 人造板力学测试仪

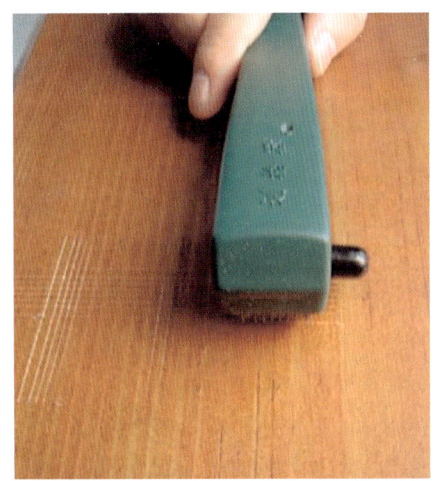

图4-62 漆膜附着力交叉切割测定

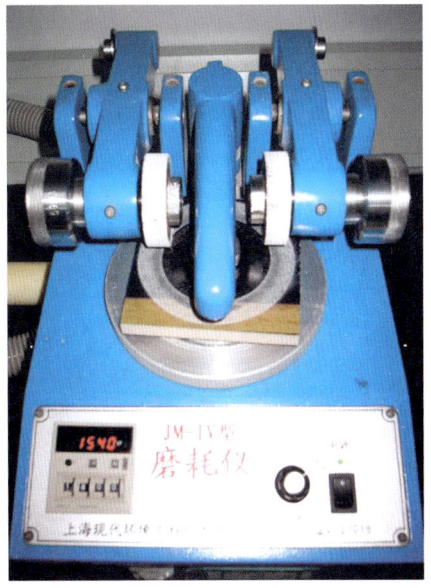

图4-63 漆膜耐磨测试仪

图4-64 漆膜耐干热测试

图4-65 穿孔萃取法测定甲醛

图4-66 $1m^3$气候箱

10. 软体家具力学测试

软体家具椅子、沙发等家具的检测项目很多，涉及座前高的测定、外形对称度的测定、座面和背面对称度的测定、相同扶手对称度的测定、底脚平稳性测定、面料性能试验、力学性能试验、木材含水率测定、饰面理化性能试验、阻燃性试验等。

检测项目涉及外观（尺寸、形状）、材料、结构、环保性等多方面。每个方面又包括不少子项目，比如外观的检测包括翘曲度、平整度、位差度、分缝表面不平度、垂直度等，本节着重介绍家具成品力学性能的检测。

力学检测项目包括静载荷试验、耐久性试验、冲击载荷试验、稳定性试验等。沙发产品主要是进行耐久性试验检测。

力学性能试验的目的主要是试验沙发的座、背和扶手的耐久性，以及背松动量、压缩量等附带参数，如图4-67和图4-68所示。测试模拟日常使用条件，依靠一定形状、质量的金属模块反复加载（数万次），再依照破坏时的次数，对应国家检验标准规定的等级，来确定家具的级别、档次、合格与否。

测试座面的金属模块，如图4-67（a）所示，仿人体的臀部形状与尺寸（边缘倒圆角）、重量与人体重量相当，保证测试的可靠性。表面尺寸为340mm×200mm，两凸起处大致和人体的两个坐骨结节相当，距离140mm，质量50kg，有时也用沙袋替代金属模块。

测试背部的金属模块，如图4-67（a）所示共两个，每个表面为200mm×100mm的长方形，边缘倒圆角。

耐久性项目标准，A级为60000次，B级为40000次，C级为20000次，以及一些附带的质量要求。耐久性次数的

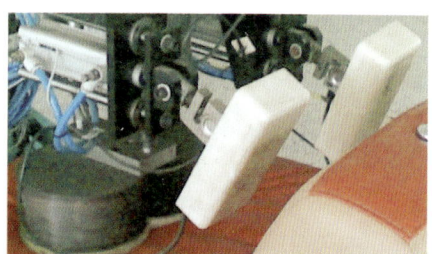
(a)

(b)

图4-67 家具力学检测一
（a）座位、靠背模块 （b）沙发检测

（a） （b）

图4-68 家具力学检测二
（a）软质靠背椅 （b）实木扶手椅

统计由检测设备旁边的一台电脑完成,如图4-69所示。可以看到测试频率20.99次/min,基本上3s模块冲击一次,已经测试了464.57min,约8h,已测次数为9750次。距离C级20000次标准还有一半,要达到A级60000次检测指标,24h连续检测,需要两天时间才能检验合格。当然,质检时还要依照标准分阶段进行,时间会更长些。

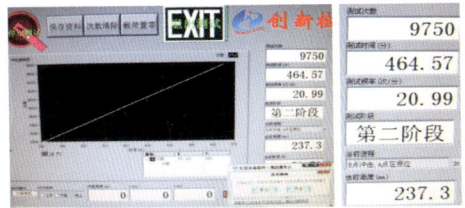

图4-69 测试数据电脑统计终端

三、沙发产品质量要求和检验项目分类

国家标准对沙发产品质量要求明细如表4-7所示。沙发产品质量要求和检验项目分类产品的要求应符合本表的规定,其中,有分级项目的合格品应达到分级项目中C级要求。

表4-7 国家标准对沙发产品质量要求明细

序号	检验项目		要求		项目分类		
					基本	分级	一般
1	主要尺寸[a] (功能尺寸)/mm	座前宽B	单人≥480,双人≥960,三人≥1440		√		
		座深T	480~600		√		
		座前高H_1	340~440				√
		背高H_2	≥600				√
2	外形对称度/mm	部位	对角线长度界限	允许差值			√
		座面对称度	≥1000	≤8			√
			>1000	≤10			√
		背面对称度	≥1000	≤8			√
			>1000	≤10			√
		相同扶手对称度	≥1000	≤8			√
			>1000	≤10			√
		围边对称度	厚度差	≤5			√
3	底角平稳性/mm	沙发底脚着地的不平度偏差		≤2.0			√
4	内部木制件用料要求	内部用料不应使用:(1)昆虫尚在侵蚀的木材;(2)轻微腐朽材面积超过零部件面积的15%;(3)腐朽材深度超过材厚的25%;(4)受力部位的木材自然斜纹程度超过20%;(5)有轻微裂缝或节子的木材影响结构强度;(6)带有树皮的木材			√		

续表

序号	检验项目	要求	基本	分级	一般
5	外表木制件用料要求	产品用材的树种应与标识明示一致	√		
		外表用料：（1）针阔叶树种在同一胶拼件中不得混用；（2）材色和纹理相似			*√
		外表用料不应使用：（1）贯通裂缝材；（2）昆虫尚在侵蚀的木材；（3）腐朽材；（4）死节材；（5）未经处理带有树脂囊材；（6）脱胶的人造板材	√		
		外表用料不应使用：（1）节子宽度超过材宽1/3；（2）节子直径超过12mm；（3）产品受力部位木材斜纹程度超过20%	√		
		外表用料正视面不应：（1）有裂纹；（2）有缺棱	√		
		外表用料侧视面裂纹、缺棱应进行修补加工			√
6	木材含水率/%	产品木材含水率应不大于产品所在地区年平均木材平衡含水率（合同另有要求时，应在合同中明示）	√		
7	金属件用料要求	各种管材或异型管材，其受力部件的管壁厚度应不小于1.2mm	√		
8	铺垫料安全卫生要求	麻毡（布）、棕毡、棉毡、棉（或化学）絮纤维等铺垫材料应：（1）干燥；（2）无霉烂变质及刺鼻异常气味；（3）无夹含泥沙及金属杂质；（4）目视无检出危害健康的节足动物或蟑螂卵夹等	√		
9	泡沫塑料要求	表观（体积）密度/（kg/m³） 座面 ≥25	√		
		表观（体积）密度/（kg/m³） 其他部位 ≥20			√
		回弹性能/% A级 ≥45		√	
		回弹性能/% B级 ≥40		√	
		回弹性能/% C级 ≥35		√	
		压缩永久变形/% A级 ≤4.0		√	
		压缩永久变形/% B级 ≤7.0		√	
		压缩永久变形/% C级 ≤10.0		√	
10	面料用料要求	各种面料颜色摩擦牢度级 ≥4	√		
		皮革涂层黏着牢度N/10mm ≥2.5	√		
11	木工要求	人造板制成的零部件外露部位应封边处理，封边应平整无脱胶	√		
		外表木制件应平整精光：（1）无啃头；（2）无刨痕；（3）无崩茬；（4）无逆纹；（5）无沟纹			*√
		外表木制件应：（1）倒棱均匀；（2）圆角和弧度及线条对称均匀；（3）顺直光滑			*√
		外表木制件车木线型应：（1）对称部位对称一致；（2）无刀痕、砂痕等缺陷			*√
		内部木制件应经刨削处理，粗光			√

续表

序号	检验项目	要求	基本	分级	一般
12	面料外观要求	面料应保持清洁	√		
		纺织面料：（1）同一部位绒面的绒毛方向应一致；（2）面料无明显色差；（3）无残疵点			*√
		皮革或人造革面料应无：（1）明显色差；（2）表面龟裂；（3）破损	√		
13	缝纫和包覆要求	面料缝线应无：（1）跳针或明显浮线；（2）断线或脱线现象或外露线头			*√
		嵌线应圆滑顺直及圆弧处均匀对称			√
		外露泡钉应：（1）排列整齐，间距基本相等；（2）无松动脱落；（3）无明显敲扁或脱漆			*√
		面料的包覆应：（1）平服饱满，无明显皱折；（2）松紧均匀，无明显松弛现象；（3）对称工艺性皱折线条应对称均匀			*√
14	摩擦声	徒手掀压座面和背面，应无异常的金属件摩擦或撞击等响声	√		
15	安全性要求	沙发在正常使用中应无尖锐金属物穿出座面或背面等部位	√		
		座面与扶手或靠背之间的间隙缝内，徒手伸入后应无刃口、毛刺等	√		
		外露金属件应无刃口或毛刺	√		
16	外表金属件要求	不圆度/mm　金属管弯曲处直径≤25　允许≤2.0			√
		金属管弯曲处直径>25　允许≤2.5			√
		弯曲处圆弧应圆滑一致			√
		金属件铆接处应端正圆滑，无明显锤印			√
		金属件铆接处不应有漏铆或脱铆	√		
		金属件焊接处应：（1）无夹渣；（2）无气孔；（3）无焊瘤；（4）无焊丝头；（5）无咬边或飞溅；（6）无焊穿			*√
		管材表面接缝处应：（1）无裂缝或虚焊；（2）无明显叠缝	√		
		管件焊接处不应有：（1）脱焊；（2）虚焊	√		
17	饰面外观要求	金属件：烘漆或喷塑涂层应：（1）无明显流挂；（2）无凹凸疙瘩；（3）无皱皮；（4）无飞漆			*√
		金属件：电镀层应：（1）表面无烧焦；（2）无明显针孔；（3）无划痕；（4）无毛刺			*√
		涂层饰面应无明显色差及裂纹或脱落；电镀层应无明显露底及锈迹	√		
		木制件：漆膜涂层应：（1）无明显流挂；（2）无针孔；（3）无皱皮或涨边；（4）无明显积粉或杂渣；（5）无明显刷毛等缺陷；（6）无明显色差			*√
		木制件：漆膜涂层应：（1）无漏漆；（2）无明显鼓泡；（3）无涂层脱落或裂纹	√		

续表

序号	检验项目	要求			项目分类		
					基本	分级	一般
18	五金配件安装要求	五金配件安装应配合严密牢固					√
		五金配件安装固定孔（选择孔除外）不应漏拧连接螺丝或少件					√
		活功零件使用应灵活					√
19	防锈处理要求	内部的金属件和各类型弹簧等配件	均应经防锈处理		√		
			不应有锈蚀				√
20	力学性能要求	沙发座背耐久性	A级	60000次		√	
			B级	40000次			
			C级	20000次			
			通过各个等级时座、背的面料应完好无损，面料缝纫处无脱线或开裂，垫料无移位或破损，弹簧无倾斜，无松动或断簧，绷带无断裂损坏或松动；骨架无永久性松动或断裂				
		背松动量/°	≤2				√
		背剩余松动量/°	≤1				√
		扶手松动量/mm	单人沙发≤20，双人以上（含双人）≤10				√
		扶手剩余松动量/mm	单人沙发≤10，双人以上（含双人）≤5				√
		压缩量/mm	座面压缩量a（平均值）≥55				√
			座面压缩量c（平均值）≤110				√
21	饰面理化性能要求	木制漆膜涂层	附着力交叉切割法	A级	1级		√	
				B级	2级			
				C级	3级			
			耐磨性2000次磨转	A级	1级		√	
				B级	2级			
				C级	3级			
			耐冷热温差	3周期应无鼓泡、裂纹和明显失光	√		
			抗冲击	冲击高度50mm，≥3级	√		
		烘漆或喷塑涂层	涂层硬度	≥0.4			√
			冲击强度	≥3.92J，无剥落、裂纹等			√
			附着力	≥3级	√		
			耐腐蚀	盐浴试验1h应无锈蚀、鼓泡和开裂	√		
		金属电镀层	镀层结合力	镀层应无起泡和脱落	√		
			耐腐蚀	盐雾试验l周期应锈点≤20点/dm²，其中直径1.5mm锈点不超过5点	√		
			铬层厚度	≥0.3um			√

续表

序号	检验项目	要求	项目分类 基本	分级	一般
22	阻燃性要求	产品通过香烟点火源试验，在1h内应无阴燃或有焰燃烧现象（该要求仅对合同规定时）			
23	产品标志	产品或标识上应提供 （1）生产者中文名称；（2）地址和通信信息 （1）出厂检验合格证明；（2）家具使用说明书	*√	√	

注：凡有"*"记号表示该单项中有2个以上（含2个）检验内容，若有一个检验内容不符合要求时，应按一个不合格计数。
a 当有特殊要求或合同要求时，各类产品的主要尺寸由供需双方商定，并在合同中明示。

第七节 工学结合项目 单人沙发的出模与制作

主题：单人沙发的出模与制作   学时数：45

一、实训意义

尝试开发一件沙发的模板并制作出沙发实物，熟悉样品开发的12个环节。

体会木架、海绵软质材料、外套三者在实现沙发风格定位方面的互补统一，加强对三者"骨骼""肌肤""装束"定位的认识，为样品更深入的设计与制作铺路搭桥。

二、实训内容

实施样品开发的12个环节。

三、实训材料与设备

（1）设备与工具：带锯机、开料锯、平刨、压刨、钻床、砂光机、裁海绵机、铲皮机、缝纫机、钉枪、卷尺、角尺、剪刀、裁绵刀、喷（胶）枪等；

（2）材料：木板方材、胶合板、胶条、海绵、乳胶海绵、棉毡、公仔绵、纤维棉、无纺布料、弓簧、绷带、牛皮、缝纫线等。

四、实训目标

（1）能够较好地掌握样品开发的12个环节；
（2）会绘制大样图，并绘制木架、海绵、面料模板；
（3）牢固树立安全意识，能够较熟练、规范地操作相关设备；

（4）结合国家标准的有关质量要求，强化质量意识，注重各环节设计、操作的规范性。

五、实训场地与组织

家具制作车间，以组为单位（每组7～8人），由授课教师进行讲解和示范，并安排学员进行实际操作、生产。

六、实训纪律与注意事项

（1）遵守实训时间，不迟到，不早退；
（2）实训过程中应按指导教师和实训指导书要求去做，认真完成每项任务；
（3）缺课1/4以上者，无实训成绩。

七、考核办法与标准

题目	考核环节	考核点	建议考核方式	评价标准			
				优	良	及格	不及格
单人沙发的出模与制作	职业技能	（1）会正确绘制大样图，材料选用、结构设计合理，并能制作木架、海绵、外套模板	实训考勤、个人与小组答辩、实训成果集体评议相结合	9个考核点合格	7个考核点合格	6个考核点合格	4个考核点合格
		（2）懂得天然皮革不同部位的力学性能，并能够根据沙发部位合理选择皮料					
		（3）会安全、规范地进行木架加工、装配					
		（4）能够依照合理顺序贴绵、海绵座包加工					
		（5）能够裁皮、缝纫、扪皮到位，塑形合理					
		（6）做出的座包部件，依照国家标准有关检测项目检测，达到"C"等					
		（7）做出的座包部件，依照国家标准有关检测项目，达到"A"等					
		（8）设计、制作等环节有创造性					
	综合素质	（1）实训环节团队精神好、合作意识强					
		（2）答辩内容翔实，语言流畅，条理清晰					

💡 复习与思考

（1）坐具在座面、靠背倾角以及座前高、背部形态等方面与作业性质有什么关系？有无规律？座面弹性与人坐姿的舒适性有什么联系？
（2）沙发大样图中哪个视图比较重要？如何在视图上出木架模？其他模板如何制作？
（3）真皮部位差在真皮套裁方面有什么指导性？
（4）谈谈你对各环节技术要求的认识。
（5）国家标准沙发质检项目有哪些？常见质检工具、设备有哪些？

参考文献

[1] 姜大源. 工作过程导向的高职课程开发探索与实践[M]. 北京：高等教育出版社，2008.

[2] 彭亮. 家具设计与工艺[M]. 北京：高等教育出版社，2006.

[3] 吴智慧. 木质家具制造工艺学[M]. 北京：中国林业出版社，2007.

[4] 王永广. 软体家具制造技术及应用[M]. 北京：高等教育出版社，2010.

[5] 王永广. 谈沙发高级样板师FEEL（感觉）的养成[J]. 家具与室内装饰，2015，（07）：34-37.

[6] 刘唐书，游飞飙. 中国出口家具应对欧美技术贸易措施剖析[M]. 北京：中国标准出版社，2008.

[7] 谢振华. 安全生产基础知识[M]. 北京：中国劳动社会保障出版社，2008.

[8] 宋魁彦. 现代家具生产工艺与设备[M]. 哈尔滨：黑龙江科学技术出版社，2001.

[9] 张月. 室内人体工程学[M]. 北京：中国建筑工业出版社，2005.

[10] 谢振华. 个人防护知识[M]. 北京：中国劳动社会保障出版社，2008.

[11] 庄雪影. 中国南方商品木材彩色图鉴[M]. 北京：中国林业出版社，2004.

[12] 张泽宁. 沙发出模与制作入门[M]. 广州：广东科技出版社，2005.

[13] 朱吕民. 聚氨酯合成材料[M]. 南京：江苏科学技术出版社，2002.

[14] 李绍雄，刘益军. 聚氨酯树脂及其应用[M]. 北京：化学工业出版社，2002.

[15] 苟秉晾，孙丹红，黄育珍. 黄牛皮组织结构的研究[J]. 皮革科学与工程，1997，（6）：16-20.

[16] 马建中. 皮革工业应用手册（软件版）[M]. 北京：机械工业出版社，2006.

[17] 腰希申. 中国主要木材构造（扫描电子显微镜）[M]. 北京：中国林业出版社，1988.

[18] 刘刚. 工业缝纫机使用与维修[M]. 济南：山东科学技术出版社，1988.

[19] 吴智慧. 软体家具制造工艺[M]. 北京：中国林业出版社，2008.

[20] 轻工业标准化编辑出版委员会. 中国轻工业标准汇编 家具卷[M]. 北京：中国轻工业出版社，2006.

[21] 国家技术监督局. 木材缺陷图谱（GB/T 18000—1999）[M]. 北京：中国标准出版社，2000.

[22] 李炳章. 沙发革生产技术[J]. 中国皮革，2005，（7）：6-8.

[23] 陈军. 浅谈国外原料皮[J]. 中国检验检疫，2005，（10）：61.

[24] 闵丽红. 纺织品在家具中的应用[J]. 山东纺织经济，2008，（1）：91-92.

[25] 胡玉辉. 浅谈软体家具的发展[J]. 质量天地，2002，（7）：32.